DISCOURS

SUR LES

DIFFERENTES FIGURES

DES

ASTRES.

Par M. DE MAUPERTUIS.

FIGURES
DES
ASTRES.

DISCOURS

SUR LES

DIFFERENTES FIGURES

DES

ASTRES.

Où l'on donne l'explication des Taches lumineuses qu'on a observées dans le Ciel : Des Etoiles qui paroissent s'allumer & s'éteindre : De celles qui paroissent changer de grandeur : De l'Anneau de Saturne : Et des effets que peuvent produire les Comètes.

Par M. DE MAUPERTUIS.

Seconde Edition augmentée.

A PARIS, RUE S. JACQUES,

Chez G. MARTIN, JEAN-BAPTISTE COIGNARD,
& les Freres GUERIN, Libraires.

M. DCC. XLII.
Avec Approbation & Privilege du Roi.

A

SON ALTESSE SERENISSIME

MONSEIGNEUR

LE

PRINCE PALATIN,

DUC DE DEUX-PONTS.

MONSEIGNEUR,

Ce n'eſt point à l'éclat du Souverain , mais aux vertus du grand Homme que je rends cet hommage.

a

EPITRE.

Tout le monde a vû en vous dès vos premieres années la prudence & la modération, qui ne font d'ordinaire les fruits que de l'âge & de l'expérience. Mais les bontés dont VOTRE ALTESSE SERENISSIME m'honore, m'ont procuré l'avantage de voir de près l'élevation de fon ame, la droiture de fon cœur, l'étendue de fon efprit, enfin tout ce qui doit fe trouver dans le Sang de ces Rois qui ont fait l'admiration de l'Europe. Et fi la plume d'un Géometre eft trop aride

EPITRE.

pour louer dignement de ſi grandes qualités, la reconnoiſſance ne lui permettoit point de les admirer dans le ſilence, & l'amour de la vérité dont il fait profeſſion, doit lui faire pardonner un mot qui lui en eſt échappé.

Je ſuis avec un très-profond reſpect,

MONSEIGNEUR,

De Votre Altesse Serenissime

Le très-humble & très-obéiſſant ſerviteur, Maupertuis.

AVERTISSEMENT

S U R

CETTE SECONDE EDITION.

J'AVOIS entrepris dans cet Ouvrage d'expliquer plu-fieurs Phénomenes du Ciel, qui ne me paroiſſoient point avoir encore été expliqués d'u-ne maniere ſatisfaiſante. Pour-quoi l'on a vû quelquefois de nouvelles Etoiles s'allumer dans les Cieux? Pourquoi l'on en a vû d'anciennes s'étein-dre? Pourquoi quelques-unes paroiſſent changer de grandeur, & ont des alternatives d'augmentation & de diminution de lumiere? Enfin pourquoi Saturne est environné d'un Anneau suspendu en forme de voute autour de lui?

Non-seulement j'ai cru les explications que je donnois de tous ces Phénomenes assez naturelles; mais je les ai vû confirmées par de nouvelles Observations. Et il semble qu'on ait apperçû en Angleterre ce que je n'avois fait que conjecturer. C'est là ce qui a donné lieu à une addition que j'ai faite à cet Ouvrage, que j'ai tirée de ce que j'avois donné dans les Mémoires de l'Académie.

J'ai aussi changé quelque chose dans l'ordre. Pour que ce Livre puisse être lû de tout le monde & tout de suite, je n'y ai laissé aucuns calculs : je les ai renvoyés, comme les preuves Mathématiques de ce que j'établis, dans un *Appendix* que ceux qui voudront s'en donner la peine, pourront consulter.

TABLE
DES CHAPITRES.

CHAP. I. *REflexions generales sur la Figure de la Terre,* pag. 1

II. *Discussion métaphysique sur l'Attrac-tion,* 16

III. *Système des Tourbillons, pour expliquer le mouvement des Planetes, & la pesan-teur des Corps vers la Terre,* 41

IV. *Système de l'Attraction, pour expliquer les mêmes Phénoménes,* 64

V. *Des différentes loix de la pesanteur, & des figures qu'elles peuvent donner aux Corps céleftes,* 88

VI. *Taches lumineuses découvertes dans le Ciel,* 102

VII. *Des Etoiles qui s'allument, ou qui s'é-teignent dans les Cieux; & de celles qui changent de grandeur,* 114

VIII. *De l'Anneau de Saturne,* 124

Calcul des Figures que doivent prendre les Fluides qui tournent autour de leur Axe,   134

Proposition pour trouver le rapport de la Pesanteur à la force centrifuge sur l'Equateur des Astres,   137

Proposition pour trouver les Figures des Astres,   146

Proposition pour trouver la Figure des Anneaux qui peuvent se former autour des Astres,   160

PRIVILEGE DU ROY.

LOUIS, par la grace de Dieu, Roi de France & de Navarre: A nos amés & féaux Conseillers, les Gens tenans nos Cours de Parlement, Maîtres des Requêtes ordinaires de notre Hôtel, grand Conseil, Prevôt de Paris, Baillifs, Sénéchaux, leurs Lieutenans Civils, & autres nos Justiciers, qu'il appartiendra, Salut. Notre Academie Royale des Sciences Nous a très-humblement fait expofer, que depuis qu'il Nous a plû lui donner par un Reglement nouveau de nouvelles marques de notre affection, Elle s'eft appliquée avec plus de foin à cultiver les Sciences, qui font l'objet de fes exercices ; enforte qu'outre les Ouvrages qu'elle a déja donnés au Public, Elle feroit en état d'en produire encore d'autres, s'il Nous plaisoit lui accorder de nouvelles Lettres de Privilege, attendu que celles que Nous lui avons accordées en date du six Avril 1693. n'ayant point eû de temps limité, ont été déclarées nulles par un Arrêt de notre Conseil d'Etat, du 13. Aouft 1704. celles de 1713. & celles de 1717. étant aussi expirées ; & désirant donner à notredite Académie en corps & en particulier, & à chacun de ceux qui la composent, toutes les facilités & les moyens qui peuvent contribuer à rendre leurs travaux utiles au Public, Nous avons permis & permettons par ces Présentes à notredite Académie, de faire vendre ou débiter dans tous les lieux de notre obéissance, par tel Imprimeur ou Libraire qu'elle voudra choisir, *Toutes les Recherches ou Observations journalieres, ou Relations annuelles de tout ce qui aura été fait dans les assemblées de notredite Académie Royale des Sciences ; comme aussi les Ouvrages, Memoires, ou Traités de chacun des Particuliers qui la composent, & généralement tout ce que ladite Académie voudra faire paroître, après avoir fait examiner lesdits Ouvrages, & jugé qu'ils font dignes de l'impression ;* & ce pendant le temps & espace de quinze années consécutives, à compter du jour de la date desdites Présentes. Faisons défenses à toutes sortes de personnes de quelque qualité & condition qu'elles soient, d'en introduire d'impression étrangere dans aucun lieu de notre obéissance : comme aussi à tous Imprimeurs, Libraires, & autres, d'imprimer, faire imprimer, vendre, faire vendre, débiter ni contrefaire aucun desdits Ouvrages ci-dessus spécifiés, en tout ni en partie, ni d'en faire aucuns extraits, sous quelque prétexte que ce soit, d'au-

gmentation , correction , changement de titre ,
feuilles même féparées, ou autrement, fans la
permiffion expreffe & par écrit de notredite Académie , ou de ceux qui auront droit d'Elle , & fes
ayans caufe , à peine de confifcation des Exemplaires contrefaits, de dix mille livres d'amende
contre chacun des Contrevenans, dont un tiers
à Nous , un tiers à l'Hôtel-Dieu de Paris , l'autre
tiers au Dénonciateur, & de tous dépens, dommages & intérêts: à la charge que ces Préfentes
feront enregiftrées tout au long fur le Regiftre de
la Communauté des Imprimeurs & Libraires de
Paris, dans trois mois de la date d'icelles ; que
l'impreffion defdits Ouvrages fera faite dans notre Royaume & non ailleurs, & que notredite
Académie fe conformera en tout aux Reglemens
de la Librairie, & notamment à celui du 10.
Avril 1725. & qu'avant que de les expofer en
vente , les Manufcrits ou Imprimés qui auront
fervi de copie à l'impreffion defdits Ouvrages,
feront remis dans le même état, avec les Approbations & Certificats qui en auront été donnés,
ès mains de notre très-cher & feal Chevalier
Garde des Sceaux de France, le fieur Chauvelin;
& qu'il en fera enfuite remis deux Exemplaires
de chacun dans notre Bibliotheque publique, un
dans celle de notre Château du Louvre, & un
dans celle de notre très-cher & féal Chevalier
Garde des Sceaux de France le fieur Chauvelin:
le tout à peine de nullité des Préfentes : du contenu defquelles vous mandons & enjoignons de
faire jouir notredite Académie, ou ceux qui auront droit d'Elle & fes ayans caufe, pleinement
& paifiblement, fans fouffrir qu'il leur foit fait
aucun trouble ou empêchement : Voulons que la
Copie defdites Préfentes qui fera imprimée tout

vrages qu'elle a déja donnés au Public, Elle seroit en état d'en produire encore d'autres, s'il
Nous plaisoit lui accorder de nouvelles Lettres de
Privilege, attendu que celles que Nous lui avons
accordées en date du six Avril 1693. n'ayant
point eû de temps limité, ont été déclarées nulles
par un Arrêt de notre Conseil d'Etat, du 13.
Aouft 1704. celles de 1713. & celles de 1717.
étant aussi expirées; & désirant donner à notredite
Académie en corps & en particulier, & à chacun
de ceux qui la composent, toutes les facilités &
les moyens qui peuvent contribuer à rendre leurs
travaux utiles au Public, Nous avons permis &
permettons par ces Présentes à notredite Académie, de faire vendre ou débiter dans tous les
lieux de notre obéïssance, par tel Imprimeur ou
Libraire qu'elle voudra choisir, *Toutes les Recherches ou Observations journalieres, ou Relations annuelles de tout ce qui aura été fait dans les assemblées
de notredite Académie Royale des Sciences ; comme
aussi les Ouvrages, Memoires, ou Traités de chacun
des Particuliers qui la composent, & généralement
tout ce que ladite Académie voudra faire paroître,
après avoir fait examiner lesdits Ouvrages, & jugé
qu'ils sont dignes de l'impression ;* & ce pendant le
temps & espace de quinze années consécutives,
à compter du jour de la date desdites Présentes.
Faisons défenses à toutes sortes de personnes de
quelque qualité & condition qu'elles soient, d'en
introduire d'impression étrangere dans aucun lieu
de notre obéïssance : comme aussi à tous Imprimeurs, Libraires, & autres, d'imprimer, faire imprimer, vendre, faire vendre, débiter ni contrefaire aucun desdits Ouvrages ci - dessus spécifiés, en tout ni en partie, ni d'en faire aucuns
extraits, sous quelque prétexte que ce soit, d'au-

gmentation , correction , changement de titre , feuilles même féparées , ou autrement , fans la permiffion expreffe & par écrit de notredite Académie , ou de ceux qui auront droit d'Elle , & fes ayans caufe , à peine de confifcation des Exemplaires contrefaits , de dix mille livres d'amende contre chacun des Contrevenans , dont un tiers à Nous , un tiers à l'Hôtel-Dieu de Paris , l'autre tiers au Dénonciateur , & de tous dépens , dommages & intérêts : à la charge que ces Préfentes feront enregiftrées tout au long fur le Regiftre de la Communauté des Imprimeurs & Libraires de Paris , dans trois mois de la date d'icelles ; que l'impreffion defdits Ouvrages fera faite dans notre Royaume & non ailleurs , & que notredite Académie fe conformera en tout aux Reglemens de la Librairie , & notamment à celui du 10. Avril 1725. & qu'avant que de les expofer en vente , les Manufcrits ou Imprimés qui auront fervi de copie à l'impreffion defdits Ouvrages , feront remis dans le même état , avec les Approbations & Certificats qui en auront été donnés , ès mains de notre très-cher & feal Chevalier Garde des Sceaux de France , le fieur Chauvelin; & qu'il en fera enfuite remis deux Exemplaires de chacun dans notre Bibliotheque publique , un dans celle de notre Château du Louvre , & un dans celle de notre très-cher & féal Chevalier Garde des Sceaux de France le fieur Chauvelin : le tout à peine de nullité des Préfentes : du contenu defquelles vous mandons & enjoignons de faire jouir notredite Académie , ou ceux qui auront droit d'Elle & fes ayans caufe , pleinement & paifiblement , fans fouffrir qu'il leur foit fait aucun trouble ou empêchement : Voulons que la Copie defdites Préfentes qui fera imprimée tout

au long au commencement ou à la fin desdits
Ouvrages, soit tenue pour duement signifiée, &
qu'aux Copies collationnées par l'un de nos amés
& féaux Conseillers & Secretaires foi soit ajoutée
comme à l'Original : Commandons au premier
notre Huissier ou Sergent de faire pour l'exécu-
tion d'icelles tous actes requis & nécessaires, sans
demander autre permission, & nonobstant cla-
meur de Haro, Charte Normande & Lettres à ce
contraires: Car tel est notre plaisir. Donné à Fon-
tainebleau le douziéme jour du mois de Novembre, l'an de grace mil sept cent trente-quatre, &
de notre Regne le vingtiéme. Par le Roi en son
Conseil. *Signé*, S A I N S O N.

*Regiftré fur le Regiftre VIII. de la Chambre Roya-
le & Syndicale des Libraires & Imprimeurs de Paris, num. 792. fol. 775. conformément aux Régle-
mens de 1723. qui font défenses, Art. IV. à toutes
personnes de quelque qualité & condition qu'elles
foient, autres que les Libraires & Imprimeurs, de
vendre, débiter & faire afficher aucuns Livres pour
les vendre en leur nom, foit qu'ils s'en difent les Au-
teurs ou autrement, & à la charge de fournir les
Exemplaires preferits par l'Art. CVIII. du même
Réglement. A Paris le 15. Novembre 1734.*
   G. *MARTIN*, Syndic.

DISCOURS

DISCOURS

SUR

LES DIFFERENTES FIGURES

DES

CORPS CELESTES.

CHAPITRE I.

Refléxions générales fur la figure de la Terre.

EPUIS les temps les plus reculés, on a crû la Terre fphérique, mal-gré l'apparence qui nous repré-fente fa furface comme platte,

A

lorſque nous la conſidérons du milieu des Plaines ou des Mers ; cette apparence ne peut tromper que les gens les plus groſſiers ; les Philoſophes, d'accord avec les Voyageurs, ſe réuniſſent à regarder la Terre comme ſphérique. D'une part, les Phénomenes dépendant d'une telle forme, & de l'autre une eſpece de régularité, avoient empêché d'avoir aucun doute ſur cette ſphéricité ; cependant à conſidérer la choſe avec exactitude, ce jugement que l'on porte ſur la ſphéricité de la Terre, n'eſt guéres mieux fondé que celui qui feroit croire qu'elle eſt platte, ſur l'apparence groſſiere qui la repréſente ainſi : car quoique les Phénomenes nous faſſent voir que la Terre eſt ronde, ils ne nous mettent cependant pas en droit d'aſſurer que cette rondeur ſoit préciſement celle d'une Sphére.

En 1672. M. Richer étant allé à la Cayenne, pour faire des Obſervations aſtronomiques, trouva que l'Horloge à pendule qu'il avoit reglée à Paris ſur le moyen mouvement du Soleil retardoit conſidérablement. Il étoit facile de conclure de là que le Pendule qui battoit les Secondes à Paris, devoit être raccourci pour les battre à la Cayenne.

Si l'on fait abſtraction de la réſiſtance que l'Air apporte au mouvement d'un Pendule, (comme on le peut faire ici fans erreur fenfible) la durée des Ofcillations d'un Pendule qui décrit des Arcs de Cycloïde, ou, ce qui revient au même, de trèspetits Arcs de Cercle, dépend de deux caufes; de la force avec laquelle les Corps tendent à tomber perpendiculairement à la furface de la Terre, & de la longueur du Pendule. La longueur du Pendule demeurant la même, la durée des Ofcillations ne dépend donc plus que de la force qui fait tomber les Corps, & cette durée devient d'autant plus longue que cette force devient plus petite.

La longueur du Pendule n'a-

voit point changé de Paris à la
Cayenne : car quoiqu'une verge
de métal s'allonge à la chaleur ,
& devienne par là un peu plus
longue, lorsqu'on la transporte
vers l'Equateur ; cet allonge-
ment est trop peu considérable
pour qu'on lui puisse attribuer
le retardement des Oscillations,
tel qu'il fut observé par M. Richer ; cependant les Oscillations étoient devenues plus lentes , il falloit donc que la force
qui fait tomber les Corps fût
devenue plus petite ; le poids
d'un même Corps étoit donc
moindre à la Cayenne qu'à Paris.

Cette observation étoit peut-
être plus singuliére que toutes
celles qu'on s'étoit proposées ;

on vit bientôt cependant qu'elle n'avoit rien que de conforme à la Théorie des forces centrifuges, & que l'on n'eût, pour ainsi dire, dû prévoir.

Une force secrette qu'on appelle *pesanteur*, attire ou chasse les Corps vers le centre de la Terre. Cette force, si on la suppose par tout la même, rendroit la Terre parfaitement sphérique, si elle étoit composée d'une matiere fluide & homogene ; & qu'elle n'eût aucun mouvement : car il est évident qu'afin que chaque colomne de ce fluide, prise depuis le centre jusqu'à la superficie, demeurât en équilibre avec les autres, il faudroit que son poids fût égal au poids

de chacune des autres ; & puifque la matiere eſt ſuppoſée homogene, il faudroit pour que
le poids de chaque colomne fût
le même, qu'elles fuſſent toutes
de même longueur. Or il n'y
a que la Sphére, dans laquelle
cette propriété ſe puiſſe trouver ;
la Terre feroit donc parfaitement ſphérique.

Mais c'eſt une Loi pour tous
les Corps qui décrivent des
Cercles, de tendre à s'éloigner
du centre du Cercle qu'ils décrivent, & cet effort qu'ils font
pour cela, s'appelle *force centrifuge* ; l'on ſçait encore que ſi
des Corps égaux décrivent dans
le même tems des Cercles différents, leurs forces centrifu-

ges font proportionnelles aux Cercles qu'ils décrivent.

Si donc la Terre vient à circuler autour de fon axe, chacune de fes parties acquerra une force centrifuge , d'autant plus grande que le Cercle qu'elle décrira fera plus grand, c'est-à-dire , d'autant plus grande , qu'elle fera plus proche de l'Equateur, cette force allant s'anéantir aux Poles.

Or, quoiqu'elle ne tende directement à éloigner les parties du centre de la Sphére , que fous l'Equateur ; & que par-tout ailleurs elle ne tende à les éloigner que du centre du Cercle qu'elles décrivent ; cependant en décompofant cette force , déja d'autant moindre qu'elle s'exerce moins proche de l'Equateur, on trouve qu'il y en a une partie qui tend toûjours à éloigner les parties du fluide du centre de la Sphére.

Or en cela cette force eft abfolument contraire à la pefanteur, & en détruit une partie plus ou moins grande, felon le rapport qu'elle a avec elle. La force donc qui anime les Corps à defcendre, réfultant de la pefanteur inégalement diminuée par la force centrifuge, ne fera plus la même par-tout, & fera dans chaque lieu d'autant moins grande, que la force centrifuge l'aura plus diminuée.

Nous avons vû que c'eft fous

l'Equateur que la force centrifuge eſt la plus grande ; c'eſt
donc là qu'elle détruira une plus
grande partie de la peſanteur.
Les Corps tomberont donc plus
lentement ſous l'Equateur que
par-tout ailleurs ; les Oſcilla-
tions du Pendule feront d'autant plus lentes, que les lieux
approcheront plus de l'Equateur ; & la Pendule de M. Richer, tranſportée de Paris à la
Cayenne, qui n'eſt qu'à $4^d\ 55'$
de l'Equateur, devoit retar-
der.

Mais la force qui fait tomber
les Corps, eſt celle-là même
qui les rend peſants : & de ce
qu'elle n'eſt pas la même par-
tout, il s'enſuit que toutes nos

colomnes fluides , si elles sont
égales en longueur, ne peseront
pas par-tout également ; la colomne qui répond à l'Equateur
pesera moins que celle qui répond au Pole ; il faudra donc
pour qu'elle soutienne celle du
Pole en équilibre, qu'elle soit
composée d'une plus grande
quantité de matiére , il faudra
qu'elle soit plus longue.

La Terre sera donc plus éle-
vée sous l'Equateur que sous les
Poles ; & d'autant plus applatie
vers les Poles que la force centrifuge sera plus grande par rapport à la pesanteur, ou, ce qui
revient au même , la Terre sera
d'autant plus applatie, que sa
révolution sur son axe sera plus

rapide, car la force centrifuge
dépend de cette rapidité.

Cependant si la pesanteur est
uniforme, c'est-à-dire, la même
à quelque distance que ce soit
du centre de la Terre, comme
M. Huygens l'a supposé, cet applatissement a ses bornes. Il a
démontré que si la Terre tournoit sur son axe environ dix-sept
fois plus vîte qu'elle ne fait, elle
recevroit le plus grand applatissement qu'elle pût recevoir,
qui iroit jusqu'à rendre le diametre de son Equateur double
de son axe. Une plus grande
rapidité dans le mouvement de
la Terre , communiqueroit à
ses parties une force centrifuge plus grande que leur pesan-

teur , & elles se dissiperoient.

M. Huygens ne s'en tint pas là ; ayant déterminé le rapport de la force centrifuge sous l'Equateur à la pesanteur , il détermina la figure que doit avoir la Terre ; & trouva que le diametre de son Equateur devoit être à son axe comme 578 à 577.

Cependant M. Newton partant d'une Théorie différente , & considérant la pesanteur comme l'effet de l'attraction des parties de la matiére, a déterminé le rapport entre le diametre de l'Equateur & l'Axe qu'il trouve l'un à l'autre comme 230 à 229.

M. Herman a recherché aussi la figure de la Terre dans l'hy-

pothefe d'une pefanteur proportionnelle à la diftance au
centre , & a trouvé que la
Terre devroit être une Ellipfoï-
de , dont le diametre de l'E-
quateur feroit à l'axe comme
$\sqrt{289}$ à $\sqrt{288}$. Ce qui approche
fort du rapport déterminé par
M. Huygens.

Aucune de ces mefures ne
s'accorde avec la mefure actuellement prife par Mrs Caffini &
Maraldi ; mais fi de leurs Obfervations, les plus fameufes qui fe
foient peut-être jamais faites, il
réfulte que la Terre, au lieu d'ê-
tre un Sphéroïde applati vers les
Poles , eft un Sphéroïde allon-
gé , quoique cette figure ne pa-
roiffe pas s'accorder avec les

Loix de la Statique, il faudroit
voir qu'elle est absolument impossible, avant que de porter at-
teinte à de telles Observations.

Ceci étoit imprimé quatre ans avant que
j'eusse été au Nord avec Mrs Clairaut, Ca-
mus, le Monnier, pour y mesurer le degré du
Meridien. Nos mesures sont contraires à celles-ci & font la Terre applatie.

CHAPITRE II.

Discussion métaphysique sur l'Attraction.

LES figures des Corps celestes dépendent de la pesanteur & de la force centrifuge. Sur cette derniére, il n'y a aucune diversité de sentimens parmi les Philosophes ; il n'en est pas ainsi de la pesanteur.

Les uns la regardent comme l'effet de la force centrifuge de quelque matiére qui circulant autour des corps vers lesquels les autres pesent, les chasse vers le centre de sa circulation ; les autres sans en rechercher la cause, fe, la regardent comme fi elle étoit une propriété inhérente au corps.

Quoique les Solutions mathématiques des Problemes que l'on trouvera dans ce difcours, foient indépendantes de la nature de la pefanteur, cependant comme l'application que j'en fais aux phénomenes de la Nature, en dépend en quelque forte, je crois néceffaire d'en dire ici quelque chofe, afin de faire voir jufqu'où peuvent aller nos explications, felon les différentes idées qu'on peut avoir de la pefanteur.

Ce n'eft pas à moi de prononcer fur une queftion qui partage les plus grands Philofophes;

B

mais il m'eft permis de comparer leurs idées.

Un corps en mouvement qui en rencontre un autre, a la force de le mouvoir. Les Cartéfiens tâchent de tout expliquer par ce principe, & de faire voir que la pefanteur même n'en eft qu'une fuite. En cela le fond de leur fyftême a l'avantage de la fimplicité ; mais il faut avouer que dans le détail des phénomenes, il fe trouve de grandes difficultés.

M. Newton peu fatisfait des explications que les Cartéfiens donnent des phénomenes par la feule impulfion, établit dans la Nature un autre principe d'action ; c'eft que les parties de la matiere pefent les unes vers les autres. Ce principe établi , M. Newton explique merveilleufement tous les phénomenes ; & plus on détaille , plus on approfondit fon fyfteme , & plus il paroît confirmé. Mais outre que le fond du fyfteme eft moins fimple , parce qu'il fuppofe deux principes ; un principe par lequel les corps éloignés , agiffent les uns fur les autres , paroît difficile à admettre.

Le mot d'attraction a effarouché les Efprits ; plufieurs ont craint de voir renaître dans la Philofophie , la doctrine des qualités occultes.

Mais c'eft une juftice qu'on doit rendre à M. Newton, il n'a

jamais regardé l'attraction comme une explication de la pesanteur des corps les uns vers les
autres : il a souvent averti qu'il
n'employoit ce terme que pour
désigner un fait, & non point
une cause ; qu'il ne l'employoit
que pour éviter les systemes &
les explications ; qu'il se pouvoit même que cette tendance
fût causée par quelque matiére
subtile qui sortiroit des corps,
& fût l'effet d'une véritable impulsion ; mais que quoi que ce
fût, c'étoit toûjours un premier
fait, dont on pouvoit partir,
pour expliquer les autres faits
qui en dépendent. Tout effet re-
glé, quoique sa cause soit in-
connue, peut être l'objet des

Mathématiciens, parce que tout
ce qui eſt ſuſceptible de plus &
de moins, eſt de leur reſſort,
quelle que ſoit ſa nature ; & l'u-
ſage qu'ils en feront, ſera tout
auſſi ſûr que celui qu'ils pourroient faire d'objets dont la Nature ſeroit abſolument connue.
S'il n'étoit permis d'en traiter
que de tels, les bornes de la Phi-
loſophie ſeroient étrangement
reſſerrées.

Galilée, ſans connoître la cauſe de la peſanteur des corps vers
la Terre, n'a pas laiſſé de nous
donner ſur cette peſanteur, une
Théorie très-belle & très-ſûre,
& d'expliquer les phénomenes
qui en dépendent. Si les corps
peſent encore les uns vers les

autres, pourquoi ne seroit-il pas permis aussi de rechercher les effets de cette pesanteur, sans en approfondir la cause ? Tout se devroit donc réduire à examiner s'il est vrai que les corps ayent cette tendance les uns vers les autres : & si l'on trouve qu'ils l'ayent en effet, on peut se contenter d'en déduire l'explication des phénomenes de la Nature, laissant à des Philosophes plus sublimes, la recherche de la cause de cette Force.

Ce parti me paroîtroit d'autant plus sage, que je ne crois pas qu'il nous soit permis de remonter aux premiéres causes, ni de comprendre comment les corps agissent les uns sur les au-

Mais quelques uns de ceux qui rejettent l'attraction, la regardent comme un Monstre métaphysique ; ils croyent son impossibilité si bien prouvée, que quelque chose que la Nature semblât dire en sa faveur, il vaudroit mieux consentir à une ignorance totale, que de se servir dans les explications d'un principe absurde. Voyons donc si l'attraction, quand même on la considéreroit comme une propriété de la matiére, renferme quelque absurdité.

Si nous avions des corps les idées complettes ; que nous connussions bien ce qu'ils sont en eux-mêmes, & ce que leur sont leurs propriétés ; comment, &

en quel nombre elles y résident ; nous ne serions pas embarrassés pour décider si l'attraction est une propriété de la matiére. Mais nous sommes bien éloignés d'avoir de pareilles idées ; nous ne connoissons les corps que par quelques propriétés, sans connoître aucunement le sujet dans lequel ces propriétés se trouvent réunies.

Nous appercevons quelques assemblages différents de ces propriétés ; & cela nous suffit pour désigner les idées de tels ou tels corps particuliers. Nous avançons encore un pas ; nous distinguons différens ordres parmi ces propriétés. Nous voyons que pendant que les unes varient dans différents corps, quelques autres s'y retrouvent toûjours les mêmes. Et de là nous regardons celles-ci comme des propriétés primordiales, & comme les bafes des autres.

La moindre attention fait reconnoître que l'étendue eft une de ces propriétés invariables. Je la retrouve fi univerfellement dans tous les corps, que je fuis porté à croire que les autres propriétés ne peuvent fubfifter fans elle, & qu'elle en eft le foutien.

Je trouve auffi qu'il n'y a point de corps qui ne foit folide ou impénétrable ; je regarde donc encore l'impénétrabilité comme une propriété effentielle de la matiére.

Mais y a-t-il quelque connexion nécessaire entre ces propriétés ? l'étendue ne sçauroit-elle subsister sans l'impénétrabilité ? devois-je prévoir par la propriété d'étendue, quelles autres propriétés l'accompagneroient ? c'est ce que je ne vois en aucune maniére.

Après ces propriétés primitives des corps, j'en découvre d'autres qui, quoiqu'elles n'appartiennent pas toûjours à tous les corps, leur appartiennent cependant toûjours, lorsqu'il sont dans un certain état ; je veux parler ici de la propriété qu'ont les corps en mouvement, de mouvoir les autres qu'ils rencontrent.

Cette propriété, quoique moins univerſelle que celles dont nous avons parlé, puiſqu'elle n'a lieu qu'autant que le corps eſt dans un certain état, peut cependant être priſe en quelque maniére pour une propriété générale relativement à cet état, puiſqu'elle ſe trouve dans tous les corps qui ſont en mouvement.

Mais encore un coup, l'aſſemblage de ces propriétés étoit-il néceſſaire? Et toutes les propriétés générales des corps ſe réduiſent-elles à celle-ci? Il me ſemble que ce ſeroit mal raiſonner que de vouloir les y réduire.

On ſeroit ridicule de vouloir

affigner aux corps d'autres propriétés que celles que l'expérience nous a appris qui s'y trouvent ; mais on le feroit peut-être
davantage de vouloir, après un
petit nombre de propriétés à
peine connues, prononcer do-
gmatiquement l'exclufion de
toute autre ; comme fi nous a-
vions la mefure de la capacité
des fujets, lorfque nous ne les
connoiffons que par ce petit
nombre de propriétés.

Nous ne fommes en droit
d'exclure d'un fujet, que les
propriétés contradictoires à celles que nous fçavons qui s'y trouvent ; la mobilité fe trouvant
dans la matiére, nous pouvons
dire que l'immobilité ne s'y

trouve pas ; la matiére étant impénétrable , n'eſt pas pénétrable. Propoſitions identiques, qui
ſont tout ce qui nous eſt permis
ici.

Voilà les ſeules propriétés,
dont on peut aſſûrer l'excluſion.
Mais les corps, outre les propriétés que nous leur connoiſ-
ſons ; ont-ils encore celle de
peſer, ou tendre les uns vers les
autres ? ou de &c ? C'eſt à l'expérience à qui nous devons
déja la connoiſſance des autres
propriétés des corps, à nous ap-
prendre s'ils ont encore celle-
ci.

Je me flatte qu'on ne m'arrê-
tera pas ici , pour me dire que
cette propriété dans les corps,

de peſer les uns vers les autres,
eſt moins concevable que celles que tout le monde y reconnoît. La maniere dont les propriétés réſident dans un Sujet
eſt toûjours inconcevable pour
nous. Le Peuple n'eſt point
étonné lorſqu'il voit un corps
en mouvement, communiquer
ce mouvement à d'autres; l'ha-
bitude qu'il a de voir ce phénomene, l'empêche d'en appercevoir le merveilleux; mais des
Philoſophes aſſés déterminés
pour vouloir décider *à priori*,
quelles propriétés peuvent ſe
trouver dans les corps, & quelles doivent en être bannies; de
pareils Philoſophes, dis-je, n'ont
garde de croire que la force im-

pulsive soit plus concevable que l'attractive. Qu'est-ce que cette force impulsive ? comment réside-t-elle dans les corps ? qui eut pû deviner qu'elle y réside avant que d'avoir vû des corps se choquer ? la résidence des autres propriétés dans les corps n'est pas plus claire. Comment l'impénétrabilité, & les autres propriétés viennent-elles se joindre à l'étendue ? Ce seront-là toûjours des mysteres pour nous.

Mais, dira-t-on peut-être, les corps n'ont point la force impulsive. Un corps n'imprime point le mouvement au corps qu'il choque ; c'est Dieu lui-même qui meut le corps choqué, ou qui a établi des loix

pour la communication de ces
mouvements. Ici l'on se rend
sans s'en appercevoir. Si les
corps en mouvement n'ont
point la propriété d'en mouvoir
d'autres ; si lorsqu'un corps en
choque un autre, celui-ci n'est
mû que parce que Dieu le meut,
& s'est établi des loix pour cette distribution de mouvement ;
de quel droit pourroit-on assûrer que Dieu n'a pû vouloir établir de pareilles loix pour la
Tendance. Dès qu'il faut recou-
rir à un Agent tout puissant, &
que le seul contradictoire arrê-
te, il faudroit que l'on dît que
l'établissement de pareilles loix
renfermoit quelque contradiction ; mais c'est ce qu'on ne
pourra

pourra pas dire ; & alors, est-il plus difficile à Dieu de faire tendre ou mouvoir l'un vers l'autre deux corps éloignés, que d'attendre, pour le mouvoir, qu'un corps ait été rencontré par un autre.

Voici un autre raisonnement qu'on peut faire contre l'attraction. L'impénétrabilité des corps est une propriété dont les Philosophes de tous les partis conviennent. Cette propriété posée, un corps qui se meut vers un autre ne sçauroit continuer de se mouvoir, s'il ne le pénetre ; mais les corps sont impénétrables ; il faut donc que Dieu établisse quelque loi qui accorde le mouvement de l'un avec

l'impénétrabilité des deux ; voilà donc l'établiſſement de quelque loi nouvelle devenu néceſſaire dans le cas du choc. Mais
deux corps demeurant éloignés,
nous ne voyons pas qu'il y ait
aucune néceſſité d'établir de
nouvelle loi.

Ce raiſonnement eſt, ce me
ſemble, le plus ſolide que l'on
puiſſe faire contre l'attraction.
Cependant quand on n'y ré-
pondroit rien, il ne prouve autre choſe , ſi ce n'eſt qu'on ne
voit pas de néceſſité dans la tendance des corps ; ce n'eſt pas là
non plus ce que je prétends établir ici ; je me ſuis borné à faire
voir que cette tendance eſt poſ-
ſible.

Mais examinons ce raisonnement. Les différentes propriétés
des corps ne font pas, comme
nous l'avons vû, toutes du même ordre; il y en a de primordiales qui appartiennent à la matiére en général, parce que nous
les y retrouvons toûjours, comme l'étendue & l'impénétrabilité.

Il y en a d'un ordre moins
néceffaire, & qui ne font que
des états dans lefquels tout corps
peut fe trouver, ou ne fe pas
trouver, comme le repos & le
mouvement.

Enfin il y a des propriétés
plus particuliéres, qui défignent
les corps, comme une certaine
figure, couleur, odeur, &c.

S'il arrive que quelques propriétés de différents ordres se trouvent en opposition , (car deux propriétés primordiales ne sçauroient s'y trouver) il faudra que la propriété inférieure cede , & s'accommode à la plus néceffaire , qui n'adme aucune variété.

Voyons donc ce qui doit arriver, lorfqu'un corps fe meut vers un autre , dont l'impénétrabilité s'oppofe à fon mouvement. L'impénétrabilité fubfiftera inaltérablement ; mais le mouvement , qui n'eft qu'un état dans lequel le corps fe peut trouver , ou ne fe pas trouver , & qui peut varier d'une infinité de maniéres , s'accommodera à l'impéné-

trabilité ; parce que le corps peut
se mouvoir, ou ne se mouvoir
pas ; il peut se mouvoir d'une maniére ou d'une autre ; mais il faut
toûjours qu'il soit impénétrable,
& impénétrable de la même maniére. Il arrivera donc dans le
mouvement du corps quelque
phénomene, qui sera la suite de
la subordination entre les deux
propriétés.

Mais si la pesanteur étoit une
propriété du premier ordre ; si
elle étoit attachée à la matiere,
indépendamment des autres propriétés ; nous ne verrions pas que
son établissement fût nécessaire,
parce qu'elle ne le devroit point
à la combinaison d'autres propriétés antérieures.

Faire contre l'attraction le raisonnement que nous venons de rapporter, c'est comme si, de ce qu'on est en état d'expliquer quelque phénomene, on concluoit que ce phénomene est plus néceffaire que les premiéres propriétés de la matiére; fans faire attention que ce phénomene ne fubfifte qu'en conféquence de ces premiéres propriétés.

Tout ce que nous venons de dire, ne prouve pas qu'il y ait d'attraction dans la Nature; je n'ai pas non plus entrepris de le prouver. Je ne me fuis propofé que d'examiner fi l'attraction, quand même on la confidéreroit comme une propriété inhé rente à la matiére, étoit métaphysiquement impossible. Si elle étoit telle, les phénomenes les plus pressants de la Nature, ne pourroient pas la faire recevoir. Mais si elle ne renferme ni impossibilité ni contradiction, on peut librement examiner si les phénomenes la prouvent ou non. L'attraction n'est plus, pour ainsi dire, qu'une question de fait; c'est dans le systeme de l'Univers qu'il faut aller chercher, si c'est un principe qui ait effectivement lieu dans la Nature ; jusqu'à quel point il est nécessaire pour expliquer les phénomenes ; ou enfin s'il est inutilement introduit pour expliquer des faits que l'on explique bien sans lui.

Dans cette vûe, je crois qu'il ne sera pas inutile de donner ici quelque idée des deux grands Systemes qui partagent aujourd'hui le Monde philosophe. Je commencerai par le Systeme des Tourbillons, non seulement tel que M. Descartes l'établit, mais avec tous les raccommodements qu'on y a faits.

J'exposerai ensuite le Systeme de M. Newton, autant que je le pourrai faire, en le dégageant de ces Calculs qui font voir l'admirable accord qui regne entre toutes ses parties, & qui lui donne tant de force.

CHAPITRE III.

Systeme des Tourbillons pour expliquer le mouvement des Planetes, & la pesanteur des corps vers la Terre.

POUR expliquer les mouvements des Planetes autour du Soleil, M. Descartes les suppose plongées dans un fluide, qui circulant lui-même autour de cet Astre, forme le vaste Tourbillon dans lequel elles sont entraînées, comme des vaisseaux abandonnés au courant d'un fleuve.

Cette explication, fort simple au premier coup d'œil, se trouve sujette à de grands in-

convenients , lorsqu'on l'exa-
mine.

Les Planetes se meuvent autour du Soleil , mais avec cer-
taines circonstances qu'il ne
nous est plus permis d'ignorer.

Les routes que tiennent les
Planetes ne sont pas des Cercles , mais des Ellipses , dont le
Soleil occupe le foyer. Une des
Loix de la révolution , est que
si l'on conçoit du lieu d'où une
Planete est partie , & du lieu où
elle se trouve actuellement ,
deux lignes droites tirées au Soleil , l'aire du Secteur ellipti-
que , formé par ces deux lignes ,
& par la portion de l'Ellipse que
la Planete à parcourue , croît en
même proportion que le temps

qui s'écoule pendant le mouvement de la Planete. De là vient
cette augmentation de vîtesse
qu'on observe dans les Planetes
lorsqu'elles s'approchent du Soleil : les droites tirées des lieux
de la Planete au Soleil, étant
alors plus courtes, afin que les
aires décrites pendant un certain
temps soient égales aux aires décrites dans le même temps, lorfque la Planete étoit plus éloignée du Soleil, il faut que les
Arcs elliptiques parcourus par la
Planete soient plus grands.

Toutes les Planetes que nous
connoissons suivent cette loi;
non-seulement les Planetes principales, qui font leur révolution
autour du Soleil, mais encore

les Planetes fecondaires, qui font leur révolution autour de quelque autre Planete , comme la Lune & les Satellites de Jupiter & de Saturne ; mais ici les aires qui font proportionnelles aux temps, font les aires décrites autour de la Planete principale, qui eft à l'égard de fes Satellites , ce qu'eft le Soleil à l'égard.des Planetes du premier ordre. Par cette loi , l'Orbite d'une Planete , & le temps de fa révolution étant connus, on peut trouver à chaque inftant le lieu de l'Orbite où la Planete fe trouve.

Une autre loi marque le rapport entre la durée de la révolution de chaque Planete, & fa diftance au Soleil ; & cette loi n'eſt pas moins exactement obſervée que l'autre. C'eſt que le temps de la révolution de chaque Planete autour du Soleil, eſt proportionnel à la racine quarrée du cube de ſa moyenne diſtance au Soleil.

Cette loi s'étend encore aux Planetes ſecondaires ; en obſervant que dans ce cas les révolutions & les diſtances ſe doivent entendre par rapport à la Planete principale , autour de laquelle les autres tournent. Par cette loi, la diſtance de deux Planetes au Soleil , & le temps de la révolution de l'une étant donnés , on peut trouver le temps de la révolution de l'autre ; ou le temps de la révolution

de deux Planetes, & la diftance
de l'une de ces Planetes au Soleil étant donnés, on peut trouver la diftance de l'autre.

Ces deux loix pofées, il n'eft
plus feulement queftion d'expliquer pourquoi en général lesPla-
netes tournent autour du Soleil,
il faut expliquer encore pourquoi elles obfervent ces loix ; ou
du moins il faut que l'explication
qu'on donne de leur mouvement
ne foit pas démentie par ces loix.

Puifque les diftances des Planetes au Soleil, & les temps de
leurs révolutions font différents,
la matiere du Tourbillon n'a pas
par-tout la même denfité, & le
temps de fa révolution n'eft pas
le même par-tout.

De ce que chaque Planete décrit autour du Soleil des aires proportionnelles aux temps, il suit que les vîtesses des couches de la matiére du Tourbillon sont réciproquement proportionnelles aux distances de ces couches au centre.

Mais de ce que les temps des révolutions des différentes Planetes sont proportionels aux racines quarrées des cubes de leurs distances au Soleil, il suit que les vîtesses des couches sont réciproquement proportionnelles aux racines quarrées de leurs distances.

Si l'on veut donc assûrer une de ces loix aux Planetes, l'autre devient nécessairement incompatible. Si l'on veut que les couches du Tourbillon ayent les vîtesses nécessaires pour que chaque Planete décrive autour du Soleil des aires proportionnelles aux temps ; il s'ensuivra par exemple, que Saturne devroit employer 90 ans à faire sa révolution, ce qui est fort contraire à l'expérience.

Si au contraire, on veut conserver aux couches du Tourbillon, les vîtesses nécessaires, pour que les temps des révolutions soient proportionnels aux racines quarrées des cubes des distances ; l'on verra les aires décrites autour du Soleil par les Planetes, ne plus suivre la proportion des temps.

Je

Je ne parle point ici des objections qu'on a faites contre les
Tourbillons, qui ne paroiſſent
pas invincibles. Je ne dis rien de
celle que M. Newton avoit faite, en ſuppoſant, comme fait
M. Deſcartes, que le Tourbillon reçoive ſon mouvement du
Soleil, qui tournant ſur ſon axe,
communiqueroit ce mouvement
de couche en couche, juſqu'aux
confins du Tourbillon : M. Newton avoit cherché par les loix de
la Méchanique, les vîteſſes des
différentes couches du Tourbillon, & il les trouvoit fort différentes de celles qui ſont né-
ceſſaires pour la regle de Képler, qui regarde le rapport entre les temps périodiques des

D

Planetes , & leurs diſtances au Soleil. M. Bernoulli dans la bel- le Diſſertation qui remporta le Prix de l'Académie en 1730, a fait voir que M. Newton n'avoit pas fait attention à quelque cir- conſtance qui change le calcul. Il eſt vrai qu'en faiſant cette at- tention , on ne trouve pas en- core les vîteſſes des couches , telles qu'elles devroient être pour l'obſervation de cette loi ; mais elles en approchent da- vantage.

Mais enfin de quelque cauſe que vienne le mouvement du Tourbillon, l'on pourra bien ac- corder les vîteſſes des couches avec une des loix dont nous avons parlé ; mais jamais avec

l'une & l'autre en même-temps.
Cependant ces deux loix font
auſſi inviolables l'une que l'autre.

Les gens les plus éclairés ont
cherché des remedes à cela. M.
Leibnitz a été réduit à dire *
qu'il falloit que par tout l'Orbe
que décrit chaque Planete, il y
eût une circulation, qu'il appelle *harmonique*, c'eſt-à-dire, une
certaine loi de vîteſſe propre à
faire ſuivre aux Planetes celle
des deux loix qui regarde la proportion entre les aires & les
temps ; & qu'il falloit en même
temps que par toute l'étendue
du Tourbillon, il ſe trouvât une
autre loi différente pour faire

*Voyés Act.erud. 1689. p. 82. & 1706. p. 446.

D ij

fuivre aux Planetes la loi qui regarde la proportion entre leurs temps périodiques & leurs diftances au Soleil. Voilà tout ce qu'a pû dire un des plus grands hommes du fiécle, pour la défenfe des Tourbillons.

M. Bulffinger, dans la Differtation qui remporta le Prix en 1728, reconnoît & démontre encore mieux la néceffité de ces différentes loix dans le fluide qui entraîne les Planetes. Mais il n'eft pas facile d'admettre ces différentes couches fphériques fe mouvant avec des vîteffes indépendantes & interrompues.

Il y a encore contre ce Syfteme une objection qui n'eft guére moins forte. Les différentes couches du Tourbillon ont à peu près les mêmes denſités que les Planetes qu'elles portent, puiſque chaque Planete ſe ſoûtient dans la couche où elle ſe trouve; & ces couches ſe meuvent avec des vîteſſes fort rapides. Cependant nous voyons les Cométes traverſer ces couches ſans recevoir d'altération ſenſible dans leur mouvement. Les Cometes elles-mêmes ſeroient auſſi apparemment entraînées par des fluides qui circuleroient à travers les fluides qui portent les Planetes, ſans ſe confondre, ni altérer leur cours.

Paſſons à l'explication de la Peſanteur dans le Syſteme des Tourbillons.

Tous les Corps tombent, lorsqu’ils ne sont pas soûtenus, & tendent à s’approcher du centre de la Terre.

M. Descartes, pour expliquer ce phénomene, suppose un Tourbillon d’une matiére fluide qui circule extrémement vîte autour de la Terre dans la direction de l’Equateur. On sçait que lorsqu’un corps décrit un cercle, il tend à s’éloigner du centre; toutes les parties de ce fluide, ont donc chacune cette force centrifuge, qui tend à les éloigner du centre du cercle qu’elles décrivent. Si donc alors elles rencontrent quelque corps qui n’ait point, ou qui ait moins de cette force centrifuge, il fau-

dra qu'il cede à leur effort ; &
les parties du fluide ayant toûjours plus de force centrifuge
que le corps, prendront fuccef-
fivement fa place , jufqu'à ce
qu'elles l'ayent chaffé au centre.

Cette explication générale de
la Pefanteur , fe trouve encore
expofée à de grandes difficultés,
dont nous ne rapporterons que
les deux principales , qui font
de M. Huygens.

Ce grand homme objecta ,

1°. Que fi le mouvement d'un
pareil Tourbillon étoit affez rapide pour chaffer les corps vers
le centre avec tant de force , il
devroit faire éprouver aux mêmes corps quelqu'impulfion ho-
rifontale , ou plutôt entraîner

D iiij

tout dans le sens de sa direction.

2°. Qu'en attribuant la cause de la pesanteur à un Tourbillon qui se meut parallelement à l'Equateur , les corps ne seroient point chassés vers le centre de la Terre , mais devroient tomber perpendiculairement à l'axe. La chûte des corps étant l'effet de la force centrifuge de la matiére du Tourbillon , & cette force tendant à éloigner cette matiére du centre de chaque cercle qu'elle décrit , elle devroit dans chaque lieu chasser les corps vers le centre de ce cercle ; & les corps , au lieu de tendre vers le centre de la Terre , tomberoient perpendiculairement à l'axe.

Or ni l'un ni l'autre de ces deux effets n'arrive. On remarque par-tout que la chûte des corps n'eſt accompagnée d'aucune déviation; & que les corps tombent perpendiculairement à la ſurface de la Terre.

C'eſt le fort du Syſteme de M. Deſcartes, de trouver toûjours d'habiles défenſeurs. M. Saurin a répondu fort ingénieuſement à ces deux difficultés *.

Voyons les remedes que M. Huygens apporte aux inconveniens qu'il trouve dans le Syſteme de M. Deſcartes. Au lieu

* *Voyés le ſecond Journal des Sçav. 1703. & les Mem. de l'Acad. 1709. page 131. & ce qui a été dit depuis. Comment. Acad. Scient. Imp. Petrop. tom. 1. page 245. & tome 2. page 318.*

de faire mouvoir la matiére éthérée toute enfemble autour des
mêmes Poles, il fuppofe qu'elle
fe meut en tout fens dans l'efpace fphérique qui la contient.
Ces mouvements fe contrariant
les uns les autres, jufqu'à ce qu'ils
foient devenus circulaires, la
matiére éthérée viendra enfin à
fe mouvoir dans des furfaces
fphériques dans toutes les directions.

Cette hypothefe une fois po-
fée, délivre le Tourbillon des
deux objections qu'on lui faifoit.

1°. La matiére éthérée qui
caufe la pefanteur, circulant
dans toutes les directions, elle ne doit pas entraîner les

corps horiſontalement comme le Tourbillon de M. Deſcartes ; parce que l'impulſion horiſontale qu'ils reçoivent de chaque filet de cette matiére , eſt détruite par une impulſion oppoſée.

2°. L'on voit que les corps doivent tomber vers le centre de la Terre ; parce que la matiére éthérée qui circule dans chaque ſuperficie ſphérique , les chaſſant vers l'axe de cette ſuperficie, ils doivent tomber vers l'interſection de tous ces axes, qui eſt le centre de la Terre.

Ce Syſteme ſatisfait mieux aux phénomenes de la peſanteur, que ne fait celui de M. Deſcartes ; mais il faut avouer auſſi qu'il

est bien éloigné de sa simplicité.
Il n'est pas facile de concevoir
ces mouvements circulaires de
la matiére éthérée dans toutes
les directions ; & ceux-mêmes
qui veulent tout expliquer par
l'impulsion de la matiére éthérée, n'ont pas été contents de
ce que M. Huygens a fait pour
la soûtenir.

M. Bulffinger ne pouvant admettre ce mouvement en tout
sens, a proposé un troisiéme Systeme.

Il prétend que la matiére éthérée se meut en même-temps autour de deux axes perpendiculaires l'un à l'autre ; mais quoiqu'un pareil mouvement soit déja assés difficile à supposer, il

ſuppoſe encore deux nouveaux mouvements dans la matiére éthérée, oppoſés aux deux premiers. Voilà donc quatre Tourbillons oppoſés deux à deux, qui ſe traverſent ſans ſe détruire.

C’eſt ainſi que dans le Syſteme des Tourbillons, on rend raiſon des deux principaux Phénomenes de la Nature.

Qu’une matiére fluide qui circule, entraîne les Planetes autour du Soleil. Que dans le Tourbillon particulier de chaque Planete, un pareil mouvement de matiére chaſſe les corps vers le centre. Ce ſont-là des idées qui ſe préſentent aſſez naturellement à l’Eſprit.

Mais la nature mieux examinée, ne permet pas de s'en tenir à ces premiéres vûes. Ceux qui veulent entrer dans quelque détail, font obligés d'admettre dans le Tourbillon folaire, l'interruption des mouvements des différentes couches dont nous avons parlé; & dans le Tourbillon terreftre, tous ces différents mouvements oppofés les uns aux autres, de la matiére éthérée. Ce n'eft qu'à ces fâcheufes conditions, qu'on peut expliquer les phénomenes par le moyen des Tourbillons.

Ces embarras ont fait dire à l'Auteur * que nous avons déja cité plufieurs fois, que malgré tout ce qu'il faifoit pour défen-

* M. Bulffinger.

dre les Tourbillons, ceux qui refuſent de les admettre, s'affer-miroient peut-être dans leur re-fus par la matiére dont il les dé-fendoit.

Il faut avouer que juſqu'ici l'on n'a pû encore accorder, d'une maniére ſatisfaiſante, les Tourbillons avec les Phénome-nes. Cependant l'on n'eſt pas pour cela en droit d'en con-clure l'impoſſibilité. Rien n'eſt plus beau que l'idée de M. Deſ-cartes, qui vouloit que l'on ex-pliquât tout en Phyſique par la matiére & le mouvement; mais ſi l'on veut conſerver à cette idée ſa beauté, il ne faut pas ſe permettre d'aller ſuppoſer des matiéres & des mouvements,

fans autre raifon que le befoin
qu'on en a.

Voyons maintenant com-
ment M. Newton rend raifon du
mouvement des Planetes, & de
la Pefanteur.

CHAPITRE IV.

Syfteme de l'Attraction pour expliquer les mêmes Phénomenes.

M. Newton commence par
démontrer, que fi un
corps qui fe meut eft attiré vers
un centre immobile, ou mobi-
le, il décrira autour de ce centre des aires proportionnelles
aux temps; & réciproquement,
que fi un corps décrit autour

d'un

d'un centre immobile, ou mo-
bile, des aires proportionnelles
aux temps, il est attiré vers ce
centre.

Ceci démontré par les raison-
nements de la plus sûre Géométrie, il l'applique aux Planetes
qu'il considére se mouvoir dans
le vuide, ou dans des espaces si
peu remplis de matiére, qu'elle
n'apporte aucune résistance sensible aux corps qui s'y meuvent.
Les Observations apprenant que
toutes les Planetes du premier
ordre autour du Soleil, & tous
les Satellites autour de leur
Planete principale, décrivent
des aires proportionnelles aux
temps ; il conclut que les Planetes sont attirées vers le Soleil,

E

& les Satellites vers leur Planete.

Quelle que ſoit la loi de cette
force qui attire les Planetes ,
c'eſt-à-dire , de quelque maniére qu'elle croiſſe ou diminue ,
ſelon la diſtance où ſont les Planetes, il ſuffit en général qu'elles
ſoient attirées vers un centre ,
pour que les aires qu'elles décrivent autour , ſuivent la proportion des temps. L'on ne connoît donc point encore par cette proportion obſervée , la loi
de la force centrale.

Mais ſi l'une des analogies de
Képler , (c'eſt ainſi qu'on appelle cette proportionnalité des
aires & des temps) a fait découvrir une force centrale en gé-

néral, l'autre analogie fait connoître la loi de cette force.

Cette autre analogie, comme
nous avons vû ci-deſſus, conſiſte
dans le rapport entre les temps
des révolutions des différentes
Planetes & leurs diſtances. Les
temps des révolutions des différentes Planetes autour du Soleil, & des Satellites autour de
leur Planete, font proportionnels aux racines quarrées des
cubes de leurs diſtances au Soleil, ou à la Planete principale.

Or cette proportion entre les
temps des révolutions, & les
diſtances des Planetes, une fois
connue, M. Newton cherche
quelle doit être la loi, ſelon laquelle la force centrale croît ou

diminue, pour que des corps qui se meuvent par une même force dans des Orbites circulaires, ou dans des Orbites fort approchantes, comme font les Planetes, observent cette proportion entre leurs distances & leurs temps périodiques ; & la Géométrie démontre facilement que cette autre analogie suppose que la force qui attire les Planetes & les Satellites vers le centre, ou plutôt vers le foyer des courbes qu'elles décrivent, est réciproquement proportionnelle au quarré de leur distance à ce centre, c'est-à-dire, qu'elle diminue en même proportion que le quarré de la distance augmente.

Ces deux analogies si difficiles à concilier dans le Systeme des Tourbillons, ne servent ici que de faits qui découvrent, & la force centrale, & la loi de cette force.

Supposer cette force & sa loi, n'est plus faire un Systeme ; c'est découvrir le principe dont les faits observés sont les conséquences nécessaires. On n'établit point la pesanteur vers le Soleil, pour expliquer le cours des Planetes ; le cours des Planetes nous apprend qu'il y a une pesanteur vers le Soleil, & quelle est sa loi. Voyons maintenant quel usage M. Newton va faire du principe qu'il vient de découvrir.

Aidé de la plus sublime Géométrie, il va chercher la courbe que doit décrire un corps, qui avec un mouvement rectiligne d'abord, est attiré vers un centre par une force dont la loi est celle qu'il a découverte.

La Solution de ce beau Problême, lui apprend que le corps décrira nécessairement quelqu'une des Sections coniques ; & que si la route que trace ce corps, rentre en elle-même, comme il arrive aux Orbites des Planetes, cette courbe sera une Ellipse, dans le foyer de laquelle résidera la force centrale.

Si M. Newton a dû aux deux premiéres analogies, la décou-

verte de l'attraction & de sa loi,
il en voit ici la confirmation par
de nouveaux phénomenes. Toutes les observations font voir
que les Planetes se meuvent
dans des Ellipses, dont le Soleil
occupe le foyer.

Les Cometes si embarrassan-
tes dans le Systeme des Tourbillons, donnent une nouvelle
confirmation du Systeme de M.
Newton.

M. Newton ayant trouvé que
les corps qui se meuvent autour
du Soleil, tendent vers lui, suivant une certaine loi, & doivent se mouvoir dans quelque
Section conique, comme il arrive en effet aux Planetes, dont
les Orbites sont des Ellipses,

confidére les Cometes comme
des Planetes qui fe meuvent par
la même loi, dont les Orbites
font des Ellipfes, mais fi allon-
gées, qu'on les peut prendre,
fans erreur fenfible, pour des
paraboles.

Il ne s'en tient pas à cette con-
fidération, qui déja prévient affez
en fa faveur, il lui faut quelque
chofe de plus exact. Il faut voir
fi l'Orbite d'une Comete, déter-
minée par quelques points donnés dans les premiéres Obfervations, & par l'attraction vers le
Soleil, quadrera avec la trace
que la Comete décrit réelle-
ment dans le refte de fon cours.
Il a calculé ainfi, lui & le fça-
vant Aftronome M. Halley, les

Orbites des Cometes, dont les Obſervations nous ont mis en état de faire cette comparaiſon ; & l'on ne ſçauroit voir ſans admiration, que les Cometes ſe ſont trouvées aux points de leurs Orbites ainſi déterminées, preſ-qu'avec autant d'exactitude, que les Plꝛnetes ſe trouvent aux lieux de leurs Orbites déterminés par les Tables ordinaires.

Il ne paroît plus manquer à cette Théorie qu'une ſuite aſ-ſez longue d'Obſervations, pour nous mettre en état de reconnoître chaque Comete, & de pouvoir annoncer ſon retour, comme nous faiſons le retour des Planetes aux mêmes points du Ciel. Mais des Aſtres, dont les révolutions, selon toutes les apparences, durent plusieurs siécles, ne paroiſſent guéres faits pour être obſervés par des hommes dont la vie eſt ſi courte.

Voilà, quant au cours des Planetes & des Cometes, tous les Phénomenes expliqués par par un ſeul principe. Les Phénomenes de la peſanteur des corps ne dépendroient-ils point encore de ce principe?

Les corps tombent vers le centre de la Terre; c'eſt l'attraction que la Terre exerce ſur eux qui les y fait tomber. Cette explication eſt trop vague.

Si la quantité de la force attractive de la Terre étoit connue par quelque autre phénomene que celui de la chûte des corps, l'on pourroit voir si la chûte des corps, circonstanciée comme on sçait qu'elle l'est, est l'effet de cette même force.

Nous avons vû que comme l'attraction que le Soleil exerce sur les Planetes, fait mouvoir les Planetes autour de lui, de même l'attraction que les Planetes qui ont des Satellites exercent sur eux, les fait mouvoir autour d'elles; la Lune est Satellite de la Terre, c'est donc l'attraction de la Terre qui fait mouvoir la Lune autour d'elle.

L'Orbite de la Lune & le temps de sa révolution autour de la Terre sont connus; on peut par-là connoître l'espace que la force qui attire la Lune vers la Terre, lui feroit parcourir dans un temps donné, si la Lune venant à perdre son mouvement, tomboit vers la Terre en ligne droite avec cette force.

La moyenne distance de la Lune à la Terre étant d'environ 60 demi-diametres de la Terre, l'on trouve par un calcul facile, que l'attraction que la Terre exerce sur la Lune, dans la région où elle est, lui feroit parcourir environ quinze pieds dans une minute.

Mais l'attraction croissant dans le même rapport que le quarré de la distance diminue; si la Lune ou quelque autre corps, se trouvoient placés près de la

superficie de la Terre, c’eſt-à-
dire, 60 fois plus près de la
Terre que n’eſt la Lune, l’attraction de la Terre ſeroit 3600
fois plus grande ; & elle feroit
parcourir au corps qu’elle attire-
roit, environ 3600 fois 15 pieds
dans une minute ; parce que les
corps, dans le commencement
de leur mouvement, parcourent des eſpaces proportionnels
aux forces qui les font mouvoir.

Or, on ſçait par les expériences de M. Huygens, l’eſpace que
parcoure un corps animé par la
ſeule peſanteur, vers la ſurface
de la Terre ; & cet eſpace ſe
trouve précifément celui que
doit faire parcourir la force qui

retient la Lune dans son Orbite, augmentée comme elle doit
être vers la surface de la Terre.

La chûte des corps vers la
Terre est donc un effet de cette
même force ; d'où l'on voit que
la pesanteur des corps , plus
éloignés du centre de la Terre ,
est moindre que la pesanteur de
ceux qui sont plus proches :
quoique les plus grandes distances , où nous puissions faire des
expériences , soient trop peu
considérables pour nous rendre
sensible cette différence de pesanteur.

Des expériences particulieres
ont appris , qu'à la même distance du centre de la Terre , les
poids des différents corps, qui ré-

sultent de cette attraction, sont proportionnels à leurs quantités de matiére.

Cette force qui attire les corps vers la Terre agit donc proportionnellement sur toutes les parties de la matiére.

Or l'attraction doit être mutuelle ; un corps ne sçauroit en attirer un autre, qu'il ne soit attiré également vers cet autre. Si l'attraction que la Terre exerce sur chaque partie de la matiére est égale, chaque partie de la matiére a aussi une attraction égale qu'elle exerce à son tour sur la Terre ; & un Atome ne tombe point vers la Terre, que la Terre ne s'éleve un peu vers lui.

C'est ainsi que le cours des

Planete; & toutes fes circonf-
tances s'expliquent par le principe de l'attraction, mais encore la pefanteur des corps n'eft
qu'une fuite du même principe.

Je ne parle point ici d'irré-
gularités fi peu confidérables,
qu'on les peut négliger fans erreur, ou expliquer par le principe.

On regarde le Soleil, par
exemple, commé immobile au
foyer des Ellipfes que décrivent
les Planetes ; cependant il n'eft
point abfolument immobile,
l'attraction entre deux corps
étant toujours mutuelle, le Soleil ne fçauroit attirer les Planetes qu'il n'en foit attiré. Si l'on
parle donc à la rigueur, le Soleil

leil change continuellement de place selon les différentes situations des Planetes. Ce n'est donc proprement que le centre de gravité du Soleil & de toutes les Planetes qui est immobile ; mais l'énormité du Soleil par rapport aux Planetes, est telle, que quand elles se trouveroient toutes du même côté, la distance du centre du Soleil au centre commun de gravité, qui est alors la plus grande qu'elle puisse être, ne seroit que d'un seul de ses diametres.

Il faut entendre la même chose de chaque Planete qui a des Satellites. La Lune, par exemple, attire tellement la Terre, que ce n'est plus le centre de la

F

Terre qui décrit une Ellipfe au foyer de laquelle eft le Soleil , mais cette Ellipfe eft décrite par le centre commun de gravité de la Terre & de la Lune, tandis que chacune de ces Planetes tourne autour de ce centre de gravité, dans l'efpace d'un mois.

L'attraction mutuelle des autres Planetes n'apporte pas à leur cours de changements fenfibles; Mercure, Venus, la Terre & Mars n'ont pas affez de groffeur pour que leur action des unes fur les autres trouble fenfiblement leur mouvement. Ce mouvement ne fçauroit être troublé que par Jupiter & Saturne, ou quelques Cometes qui pourroient caufer quelque mouvement dans les Aphélies de ces Planetes, mais si lent qu'on le néglige entiérement.

Il n'en est pas de même de l'attraction qui s'exerce entre Jupiter & Saturne; ces deux puissantes Planetes dérangent leur mouvement réciproquement, lorsqu'elles font en conjonction; & ce dérangement est assez considérable pour avoir été observé par les Astronomes.

C'est ainsi que l'attraction & sa loi ayant été une fois établies par le rapport entre les Aires que les Planetes décrivent autour du Soleil & les temps, & par le rapport entre les temps périodiques des Planetes & leurs distances; les autres Phénomenes ne font plus que des fuites néceffaires de cette attraction. Les Planetes doivent décrire les courbes qu'elles décrivent ; les corps doivent tomber vers le centre de la Terre, & leur chûte doit avoir la rapidité qu'elle a ; enfin les mouvements des Planetes reçoivent jufqu'aux dérangemens qui doivent réfulter de cette attraction.

Un des effets de l'attraction, qui eft la chûte des corps, fe fait affez appercevoir ; mais cet effet même eft ce qui nous empêche de découvrir l'attraction que les corps exercent entre eux. La force de l'attraction étant proportionnelle à la quantité de matiére des corps, l'attraction de la Terre fur les corps particuliers nous empêche continuellement de voir les effets de leur attraction propre ; entraînés tous vers le centre de la Terre par une force immenfe, cette force rend infenfibles leurs attractions particulieres , comme la tempête rend infenfible le plus leger fouffle *.

* Cependant cette Attraction ne feroit pas tout-à-fait infenfible , pourvû qu'on la recherchât dans des corps dont les Maffes euffent quelque proportion avec la Maffe entiere de la Terre. Mrs. Bouguer & de la Condamine envoyés par le Roi au Perou ont trouvé qu'une très-groffe Montagne appellée *Chimboraço*, fituée fort près de l'Equateur, attiroit à elle le plomb qui pend au fil des Quart-de-Cercles. Et par plufieurs Obfervations des hauteurs des Etoiles prifes aù Nord & au Sud de la Montagne , ils ont trouvé que cette Attraction écartoit le fil à plomb de la Verticale d'un angle de 7″ ou 8″.

F iij

Mais si l'on porte la vûe sur les corps qui peuvent manifester leur attraction les uns sur les autres, on verra les effets de l'attraction aussi continuellement répétés que ceux de l'impulsion. A tout instant les mouvements des Planetes la déclarent, pendant que l'impulsion est un principe que la Nature semble n'employer qu'en petit.

L'attraction n'étant pas moins possible dans la nature des choses, que l'impulsion ; les Phénomenes qui indiquent l'attraction étant aussi fréquents que ceux qui prouvent l'impulsion ; lorsqu'on voit un corps tendre vers un autre, dire que ce n'est point qu'il soit attiré, mais qu'il y a quelque matiére invisible qui le poufſe, c'eſt à peu-près raiſonner comme feroit un partiſan de l'attraction, qui voyant un corps pouſſé par un autre, ſe mouvoir, diroit que ce n'eſt point par l'effet de l'impulſion qu'il ſe meut, mais parce que quelque corps invisible l'attire.

C'eſt maintenant au Lecteur à examiner ſi l'attraction eſt ſuffiſamment prouvée par les faits, ou ſi elle n'eſt qu'une fiction gratuite dont on peut ſe paſſer.

CHAPITRE V.

Des différentes loix de la Pesanteur, & des figures qu'elles peuvent donner aux Corps célestes.

JE reviens à examiner plus particulierement la Pesanteur dont les effets combinés avec ceux de la force centrifuge, déterminent les figures des Corps célestes.

Pour que ces Corps parviennent à des Figures permanentes, il faut que toutes leurs parties soient dans un équilibre parfait. Or ces parties sont animées par deux forces, desquelles doit dépendre cet équilibre ; l'une, qui eſt la force centrifuge qu'elles acquerrent par leur révolution, tend à les écarter du centre ; l'autre qui eſt la Peſanteur, tend à les en approcher. Sur la force centrifuge , il ne peut y avoir de diſpute : elle n'eſt que cet effort, que les corps qui circulent, font pour s'écarter du centre de leur circulation : & elle vient de la force qu'ont les corps pour perſévérer dans l'état où ils font une fois, de repos ou de mouvement. Un corps forcé de ſe mouvoir dans quelque courbe, fait un effort continuel pour s'échaper par la tangente de cette courbe ; parce que dans chaque inſtant, ſon état eſt de ſe mouvoir dans les petites droites qui compofent la courbe, & dont les prolongements font les tangentes. La nature de la force centrifuge, & fes effets font donc bien connus.

Il n'en eft pas ainfi de la Pefanteur; les Philofophes fe font fait différens fyftêmes fur la Nature de cette force ; mais fans nous arrêter à parcourir les differentes loix de Pefanteur qu'on pourroit imaginer, ni même toutes celles qui font comprifes dans les formules des Problêmes qu'on trouvera à la fin de cet Ouvrage, il me femble qu'on peut réduire dans notre *fyftême folaire* les idées les plus vraifemblables à trois différentes loix de pefanteur.

1°. Si l'on jugeoit de la loi de la pesanteur par ce qui se passe seulement autour de la Terre. La Terre étant à peu-près sphérique, & les corps tombant par tout par des lignes perpendiculaires à sa surface, la pesanteur tend par-tout au centre de la Terre, ou à peu-près au centre.

Les symptomes que les corps qui tombent, éprouvent dans leur chûte, les vîtesses qu'ils acquerrent, & les espaces qu'ils parcourent, font voir qu'ils tombent comme s'ils étoient accélérés par une force uniforme & toujours la même.

A juger donc de la pesanteur par ces premieres vûes, on pourroit croire que c'est une force conſtante dirigée vers le centre de la Planete que nous habitons ; & l'on pourroit penſer qu'il y a de telles forces vers les centres des autres corps céleſtes. C'eſt cette loi d'une peſanteur conſtante que M. Huygens a ſuppoſée dans ſes Recherches ſur la figure de la Terre.

2°. On peut ne pas s'en tenir à juger de la peſanteur par les ſymptomes des corps qui tombent : comme on ne peut faire d'expériences ſur ces corps, qu'à de petites diſtances de la ſurface de la Terre, on peut douter ſi les ſymptomes ſeroient les mêmes à des diſtances plus grandes. La force qui fait tomber les corps, pourroit être différente à différentes diſtances de la ſurface de la Terre, ſans que ces différences nous fuſſent ſenſibles dans le peu d'étendue où ſe font nos expériences.

On a donc pouſſé la vûe plus loin; on a cherché ſi la force qui fait tomber les corps vers le centre de la Terre, ne pourroit pas être celle qui retient la Lune dans ſon Orbite, & qui l'empêche de s'en écarter, comme ſûrement elle tend à faire, puiſqu'elle décrit une courbe autour de la Terre. Comparant ces deux forces, on a vû que celle qui fait tomber les corps vers le centre de la Terre, étoit la même qui retient la Lune dans ſon Orbite, diminuée en raison du quarré de la distance de la Lune à la Terre.

Si donc on juge de la pesanteur par ces deux phénomenes, par celui de la chûte des corps vers le centre de la Terre, & par la *Détention* de la Lune dans son Orbite, on la regardera comme une force dirigée vers le centre de la Terre, qui suit la proportion renversée du quarré des distances à ce centre.

Nous ne pouvons expérimenter comment tomberoient les corps vers la surface des autres Planetes ; mais nous pouvons déterminer la loi de leur pesanteur par le mouvement des Satellites de celles qui en ont : & ces mouvements nous font voir une même loi de pefanteur vers chacune de ces Planetes, que celle que nous avons trouvée vers la Terre. Enfin les mouvements de toutes les Planetes autour du Soleil, donnent encore cette même loi de pefanteur vers le Soleil.

On peut donc par toutes ces confidérations penfer que la pefanteur fe fait vers les centres du Soleil, des Planetes, & des autres corps céleftes, fuivant la proportion renverfée du quarré des diftances à ces centres.

3°. Enfin on peut regarder la pefanteur comme l'effet d'une force répandue dans la matiére, par laquelle toutes fes parties s'attirent. Le concours de toutes les forces de la matiére qui compofe la Terre, attire & fait tomber les corps vers fa furface, retient la Lune dans fon Orbite, & produit vers les autres Planetes & vers le Soleil des Phénomenes femblables, toujours à proportion de la quantité de ces forces, de leur direction, & de leur diftance.

C'eft ainfi que M. Newton a confidéré la Pefanteur, il a découvert que cette force répandue dans chaque particule de matiére, agiffoit en raifon directe de la maffe où elle réfide, & en raifon renverfée du quarré de fa diftance : il en a calculé les effets & déduit tous les Phénomenes.

Quant

Quant à la premiére idée de cette force, plusieurs Philosophes l'avoient eue avant lui. Sans parler des Anciens, sans parler de Képler qui en avoit senti le besoin pour expliquer les mouvements des Planetes, deux Hommes illustres du siécle passé avoient de l'attraction une idée fort semblable à celle qu'en a donnée M. Newton ; voici comme ils en parlent *.

La commune opinion est que la pesanteur est une qualité qui réside dans le corps même qui tombe.

D'autres sont d'avis que la descente des Corps procéde de l'attrac-

* *Fermat. var. oper. Mathem. pag.* 124.
Lettre de M. de Pascal & de Roberval à M. de Fermat.

G

tion d'un autre Corps qui attire celui qui descend, comme la Terre.

Il y a une troisiéme opinion qui n'est pas hors de vraisemblance ; que c'est une attraction mutuelle entre les Corps, causée par un désir naturel que les Corps ont de s'unir ensemble ; comme il est évident au Fer & à l'Aimant, lesquels sont tels que si l'Aimant est arrêté, le Fer ne l'étant pas l'ira trouver ; & si le Fer est arrêté, l'Aimant ira vers lui, & si tous deux sont libres, ils s'approcheront réciproquement l'un de l'autre, en-sorte toutes fois que le plus fort des deux fera le moins de chemin, &c.

Ceux que le mot d'*Attraction* blesse, & qui reprochent à M. Newton d'avoir ramené dans la Philosophie les qualités occultes,

verront que le terme dont on se
sert ici de *Désir naturel*, est plus
dur que tout ce que M. Newton
a jamais dit sur cette matiére.

Voilà quelles sont les idées
qu'on peut avoir sur la Pesanteur, par les phénomenes qu'on
observe dans notre *Systême solaire*. Ils font tous voir qu'il y a autour des corps célestes une force
qui fait tomber les corps vers
quelque centre qui se trouve
dans ces corps; soit que cette
force soit le résultat d'autres
forces répandues dans toutes le
parties de la matiére, soit qu'elle tende elle - même vers des
points centraux.

Mais autour des autres Soleils, autour des Etoiles fixes,

& autour des Planetes que vrai-semblablement elles ont, les mêmes Phénomenes auroient-ils lieu? & les mêmes loix de pesanteur s'observeroient - elles? Rien ne peut nous en assurer, & nous n'en pouvons juger que par une espéce d'induction.

Toutes les loix précédentes de pesanteur donnent aux Astres qui ont une révolution autour de leur axe, les figures de sphéroïdes applatis : & quoique les Planetes que nous connoissons dans notre *Systême solaire* approchent de la sphéricité, elles n'en étoient pas moins sujettes à des figures fort applaties. Il ne falloit pour cela qu'une pesanteur moins grande ou une révolution plus rapide autour de leur axe. Et pourquoi l'efpéce d'uniformité que nous voyons dans un petit nombre de Planetes nous empêcheroit-elle de foupçonner du moins la variété des autres que nous cache l'immenfité des Cieux? Rélégués dans un coin de l'Univers avec de foibles organes, pourquoi bornerions-nous les chofes au peu que nous en appercevons?

Quoique plufieurs des loix de pefanteur qui font comprifes dans les formules des Problêmes qu'on trouvera à la fin de cet Ouvrage, ne permettent aux Planetes & aux Soleils, que des applatiffements limités, une infinité de ces loix donneroient

aux Astres des figures plus va-
riées, des applatissements sans
bornes, & pourroient les réduire à n'être que des Plans circulaires.

CHAPITRE VI.

Taches lumineuses découvertes dans le Ciel.

DANS ces derniers temps,
non seulement on a dé-
couvert que quelques Planetes
de notre *Systême solaire*, n'étoient
pas des Globes parfaits : on a
porté la vûe jusques dans le Ciel
des Etoiles fixes, & par le moyen
des grandes Lunettes, on a trouvé dans ces Régions éloignées
des Phénomenes qui semblent

annoncer une aussi grande variété dans ce genre, qu'on en
voit dans tout le reste de la nature.

Des amas de matiére fluide
qui ont un mouvement de révolution autour d'un centre, doivent, selon une infinité de loix
de pesanteur, former des Astres fort applatis & en forme de
Meules, qu'on rangera dans la
classe des Soleils, ou des Planetes, selon que la matiére qui les
forme sera lumineuse par elle-
même, ou opaque & capable
de réfléchir la lumiere. Soit que
la matiére de ces Meules soit
par-tout de même nature, soit
que pesant vers quelque Astre
d'une nature différente, elle

l’inonde de toutes parts, & forme autour un sphéroïde applati
qui renferme l’Astre.

De célébres Astronomes s’é-
tant appliqués à observer ces
Apparences célestes qu’on appelle *Nébuleuses*, & qu’on attri-
buoit autrefois à la lumiere con-
fondue de plusieurs petites E-
toiles fort proches les unes des
autres, & s’étant servis de Lu-
netes plus fortes que les Lune-
tes ordinaires, ont découvert,
que du moins plusieurs de ces
Apparences, non - seulement
n’étoient point causées par ces
amas d’Etoiles qu’on avoit ima-
ginés, mais même n’en renfer-
moient aucune ; & ne paroif-
soient être que de grandes Aires

ovales, lumineufes , ou d'une lumiere plus claire que le refte du Ciel.

M. Huygens fut le premier qui découvrit dans la Conftellation d'*Orion* une Tache de figure irréguliere, & d'une teinte différente de tout le refte du Ciel , dans laquelle ou à travers laquelle il apperçut quelques petites Etoiles *.

M. Halley parle de 6. de ces Taches, dont la 1re eft dans l'*Epée d'Orion*, la 2e. dans *le Sagittaire*, la 3e. dans *le Centaure*, la 4e. précede le pied droit d'*Antinoüs*, la 5e. dans *Hercule*, & la 6e. dans la *Ceinture d'Andromede* **.

* *Hug. Syft. Saturn.*
** *Tranfactions Philofophiques*, *Num.* 347.

Cinq de ces Taches ayant été obfervées avec un Télefcope de refléxion de 8. pieds, il ne s'en eft trouvé qu'une, celle qui précede le pied *d'Antinoüs* qui puiffe être prife pour un amas d'Etoiles.

Les 4. autres paroiffent de grandes Aires blanchâtres, & ne différent entr'elles, qu'en ce que les unes font plus rondes, & les autres plus ovales. Dans celle *d'Orion* les petites Etoiles qu'on découvre avec le Télef-cope ne paroiffent pas capables de caufer fa blancheur *.

M. Halley a été fort frappé de ces Phénomenes qu'il croit propres à éclaircir une chofe

* *Tranfactions Philofophiques* , *Num.* 428.

qui paroît difficile à entendre dans le livre de *la Genese*; qui eſt que la lumiere fut créée avant le Soleil. Enfin il recommande ces merveilleux Phénomenes aux ſpéculations des Naturaliſtes & des Aſtronomes.

M. Derham a été plus loin, il regarde ces Taches comme des Trous à travers leſquels on découvre une région immenſe de lumiere, & enfin *le Ciel Empyrée*.

Il prétend avoir pû diſtinguer que les Etoiles qu'on apperçoit dans quelques-unes ſont beaucoup moins éloignées de nous que ces Taches. Mais c'eſt ce que l'Optique nous apprend, qu'on ne ſçauroit décider. Paſſé un certain éloignement, qui

même n'est pas fort considérable, il n'est pas possible de déterminer lequel est le plus éloigné de deux objets qui n'ont ni
l'un ni l'autre de parallaxe; &
dont les degrés de lumiere sont
inconnus.

Quoique vraisemblablement
il y ait de ces Taches répandues
en grand nombre par-tout le
Ciel, on sera peut-être bien-
aise de trouver ici les lieux des
principales, qu'on a jusqu'ici découvertes. Les voici d'après Hé-
vélius.

Lieux des Nébuleuses.	Leur Ascension droite pour l'an 1660.			Leur Déclinaison pour l'an 1650.		
	D.	M.	S.	D.	M.	S.
Dans la ceinture d'Andromede.	6.	4.	45.	39.	27.	57. N.
Dans le front du Capricorne.	300.	2.	53.	20.	1.	53. S.
Une autre précédant l'œil du Capricorne.	301.	59.	55.	19.	11.	30. S.
Une autre qui le suit.	302.	35.	9.	19.	36.	0. S.
Une au-deſſus de celles-là, qui joint l'œil du Capricorne.	302.	25.	31.	18.	48.	58. S.
Celle qui précéde au-deſſus de la Queue du Cigne, & la derniere de ſon Pied.	304.	54.	8.	47.	54.	20. N.
Une qui eſt après une Etoile au-deſſus de la Queue du Cigne, hors de la Conſtellation.	312.	10.	5.	53.	5.	20. N.
Au dehors du Pied gauche d'Hercule.	264.	52.	46.	48.	9.	10. N.
Dans la jambe gauche d'Hercule.	265.	38.	37.	38.	5.	50. N.
Sur le ſommet de la Tête d'Hercule	252.	24.	3.	13.	18.	37. N.
A l'Oreille de Pégaſe.	332.	38.	45.	3.	3.	12. N.
Au bord Occidental du Bouclier de Sobieski. . . .	272.	32.	34.	14.	23.	35. S.
Sur le fleau de la Balance. . .	219.	26.	15.	9.	16.	27. S.
Au deſſus du Dos de la Grande Ourſe	183.	32.	41.	60.	20.	33. N.
Sur la troiſiéme jointure de la Queue du Scorpion...	12.	43.	00.	19.	1.	0.
	♓ long.					S. lat.
Entre la Queue du Scorpion, & l'Arc du Sagittaire.	24.	32.	00.	11.	25.	0.
	♓ long.					S. lat.

Tous ces Phénomenes se trouvent par notre Syftême fi naturellement & fi facilement expliqués, qu'il n'eft prefque pas
befoin d'en faire l'application.

Nous avons vû qu'il peut y
avoir dans les Cieux des maffes
de matiere foit lumineufe, foit
réfléchiffant la lumiere, dont les
formes font des fphéroïdes de
toute efpéce, les uns approchants
de la fphéricité, les autres fort
applatis. De tels Aftres doivent
caufer des apparences femblables à celles dont nous venons
de parler.

Ceux qui approchent de la
fphéricité feront vûs comme des
Taches circulaires, quelqu'angle que faffe l'axe de leur révo-

lution avec le plan de l'Ecliptique ; les autres, dont la figure
est applatie, doivent paroître
des Taches circulaires ou ovales, selon la maniere dont le
Plan de leur Equateur se présen-
te à l'Ecliptique.

Enfin ces Astres applatis doivent nous présenter des figures
irrégulieres ; si plusieurs, diver-
sement inclinés & placés à différentes distances, ont quelques-unes de leurs parties ca-
chées pour nous par les parties
des autres.

Quant à la matiére dont ils
sont formés ; il n'est guere permis de prononcer si elle est aussi
lumineuse que celle des Etoiles, & si elle ne brille moins

que parce qu'elle eſt plus éloignée.

S'ils ſont formés d'une matiere auſſi lumineuſe que les Etoiles, il faut que leur groſſeur ſoit
énorme par rapport à la leur,
pour que, malgré leur éloignement beaucoup plus grand, que
fait voir la diminution de leur
lumiere, on les voye au Téleſ-
cope avec grandeur & figure.

Et ſi on les ſuppoſe d'une groſſeur égale à celle des Etoiles; il
faut que la matiere qui les forme
ſoit moins lumineuſe, & qu'elles ſoient infiniment plus proches de nous, pour que nous les
puiſſions voir avec une grandeur ſenſible.

On prétend cependant que
ces

ces Taches n'ont aucune parallaxe : & c'eſt un fait qui mérite
d'être obſervé avec ſoin ; car
peut-être que ce n'eſt que par
un trop petit nombre d'Aſtres
obſervés qu'on a déſeſpéré de la
parallaxe des autres.

On ne peut juſqu'ici s'aſſurer ſi
les Aſtres qui forment ces Taches , ſont plus ou moins éloignés que les Etoiles fixes. S'ils le
ſont plus ; les Etoiles qu'on découvre dans la Tache d'*Orion* ,
& qu'on découvriroit vraiſemblablement dans pluſieurs autres, ſont vûes projettées ſur le
Diſque de nos Aſtres dont la lumiere plus foible que celle de
l'Etoile ne peut la ternir : s'ils le
ſont moins ; la matiére qui les

forme, n'empêche pas que nous voyons les Etoiles à travers, comme on les voit à travers les queues des Cometes.

CHAPITRE VII.

Des Etoiles qui s'allument ou qui s'éteignent dans les Cieux ; & de celles qui changent de grandeur.

LA différence entre l'axe de notre Soleil & le diamétre de son Equateur, n'est presque rien : la pesanteur immense vers ce grand corps, & la lenteur de sa révolution autour de son axe, ne lui permettent qu'un applatissement insensible. D'autres Soleils pourroient être applatis à l'infini.

Toutes ces figures s'accordent aussi-bien avec les loix de la Statique, que celle d'un sphéroïde plus approchant de la sphére; il n'y a que la sphéricité parfaite qui ne s'y accorde pas , dès qu'ils tournent autour de leur axe.

On ne connoît jusqu'ici la figure des Etoiles fixes par aucune observation : nous ne les voyons que comme des points lumineux, dont l'éloignement nous empêche de discerner les parties. On peut raisonnablement penser que dans leur multitude il se trouve des figures de toute espece.

Cela posé, il est facile d'expliquer comment quelques Etoiles ont disparu dans les Cieux ,

comment d'autres ont semblé
s'allumer , ont duré quelque
temps , ensuite ont cessé de lui-
re & ont paru s'éteindre.

Tout le monde sçait la disparition d'une des *Pléiades*. On ob-
serva en 1572. une nouvelle Etoile qui vint paroître dans
la *Cassiopée* , qui l'emportoit en
lumiere sur toutes les Etoiles du
Ciel, & qui, après avoir duré plus
d'un an , disparut. On en avoit
vû une dans la même Constella-
tion en 945. sous l'empire d'O-
thon ; il est fait mention d'une
qui parut encore vers la même
Région du Ciel en 1264. & ces
trois pourroient assez vraisemblablement n'être que la même.

On observe aussi dans quelques Conſtellations , des Etoiles dont la lumiere paroît croître & diminuer alternativement; il s'en trouve une dans le *Col de la Baleine* , qui ſemble avoir des périodes réglées d'augmentation & de diminution , & qui depuis pluſieurs années étonne les Obſervateurs. Le Ciel & les temps ſont remplis de ces phénomenes *.

Je dis maintenant que ſi parmi les Etoiles , il s'en trouve d'une figure fort applatie ; elles nous paroîtront comme feroient des Etoiles ſphériques, dont le diametre feroit le même que celui de leur Equateur, lorſqu'el-

---

* Voyez l'Hiſtoire de ces Etoiles dans les Elem. d'Aſtron. de M. Caſſini.

H iij

les nous préfenteront leur face ;
mais fi elles viennent à changer
de fituation, par rapport à nous,
fi elles nous préfentent leur
tranchant, nous verrons leur lumiere diminuer plus ou moins ,
felon la différente maniere dont
elles fe préfenteront ; & nous
les verrons tout-à-fait s'éteindre , fi leur applatiffement &
leur diftance font affez confidérables.

De même des Etoiles que leur
fituation nous avoit empêché
d'appercevoir, paroîtront, lorfqu'elles prendront une fituation
nouvelle ; & ces alternatives ne
dépendront que du changement
de fituation de ces Aftres par
rapport à nous.

Il ne faut plus qu'expliquer comment il peut arriver du changement dans la situation de ces Étoiles applaties.

Tous les Philosophes d'aujourd'hui regardent chaque Etoile fixe, comme un Soleil à peu-près semblable au nôtre, qui a vraisemblablement ses Planetes & ses Cometes, c'est-à-dire, qui a autour de lui des corps qui circulent avec différentes excentricités.

Quelqu'une de ces Planetes qui circulent autour d'un Soleil applati, peut avoir une telle excentricité, & se trouver si près de son Soleil dans son Périhélie, qu'elle dérangera sa situation, soit par la pesanteur que cha-

que Planete porte , pour ainſi
dire avec elle , ſelon le ſyſtême
de M. Newton, qui fait que dès
qu'elle paſſe auprès de ſon Soleil , la peſanteur de ſon Soleil
vers elle , & la peſanteur d'elle
vers lui , ont un effet ſenſible ;
ſoit par la preſſion qu'une telle
Planete cauſeroit alors au fluide
qui ſe trouveroit reſſerré entre
elle & ſon Soleil , ſi l'on vouloit encore admettte des Tourbillons.

De quelque cauſe que vienne
la peſanteur ; tout conduit à
croire qu'il y a autour de chaque Planete & de chaque corps
céleſte une force qui feroit tomber les corps vers eux, comme
celle que nous éprouvons ſur

notre Terre. Une pareille force
fuffit pour changer la fituation
d'un Soleil, lorfqu'une Planete
paffe fort proche de lui; & cette
fituation changera felon la maniere dont le plan de l'Orbite
de la Planète coupera le plan
de l'Equateur du Soleil.

Le paffage des Planetes dans
leur Périhélie auprès des Soleils
applatis, doit non - feulement
leur faire préfenter des faces
différentes de celles qu'ils pré-
fentoient; il peut encore changer la fituation de leur centre,
& les déplacer entiérement. Mais
on voit affez que quand le centre de ces Soleils feroit avancé
ou reculé de la diftance d'un ou
de plufieurs de leurs diamétres,

ce changement ne pourroit pas nous être senfible pour des Etoiles dont le diametre ne nous l'eft pas. Ainfi quand on auroit obfervé avec exactitude que le lieu de ces Etoiles fujettes au changement a toujours été le même dans le Ciel, il n'y auroit rien en cela qui fût contraire à notre théorie. On a prétendu cependant avoir remarqué quelque changement de fituation dans quelques-unes.

Les Etoiles dont les alternatives d'augmentation & de diminution de lumiere font plus fréquentes, comme l'Etoile du *Col de la Baleine*, feront environnées de Planetes, dont les révolutions feront plus courtes.

L'Etoile de *Caſſiopée*, & celles dont on n'a point obſervé d'alternatives, ne feront dérangées que par des Planetes dont les révolutions durent pluſieurs ſiécles.

Enfin, dans des choſes auſſi inconnues que nous le font les Planetes qui circulent autour de ces Soleils, leurs nombres, leurs excentricités, les temps de leurs révolutions, les combinaiſons des effets de ces Planetes les unes ſur les autres, on voit qu'il n'y aura que trop de quoi ſatisfaire à tous les phénomenes d'apparition & de diſparition, d'augmentation & de diminution de lumiere.

CHAPITRE VIII.

De l'Anneau de Saturne.

APRE's avoir vû que vrai-semblablement il se trou-voit dans les Cieux des Astres fort applatis, & que ces Astres devoient produire tous les Phé-nomenes d'apparition de nou-velles Etoiles, & de disparition; d'augmentation & de diminu-tion de splendeur qu'on a obser-vée dans plusieurs; nous tirons de notre théorie l'explication d'un Phénomene qui paroît en-core plus merveilleux, & qui, quoiqu'il soit l'unique de cette espece qui paroisse à nos yeux, n'eſt peut-être pas l'unique qui ſoit dans l'Univers.

Je veux parler de l'*Anneau* qu'on obſerve autour de Saturne ; & en général des Anneaux qui ſe peuvent former autour des Aſtres.

Les Cometes ne ſont, comme nous avons vû, que des Planetes fort excentriques, dont quelques-unes, après s'être fort approchées du Soleil, s'en éloignent en traverſant les Orbites des Planetes plus régulieres, & parcourent ainſi les différentes Régions du Ciel.

Lorſqu'elles retournent de leur Périhélie, on les voit traîner de longues *Queues* qui vraiſemblablement ſont des *Torrents*

immenses de vapeur, que l'ar-
deur du Soleil a fait élever de
leur corps. Si une Cométe dans
cet état passe auprès de quelque
puissante Planete, la pesanteur
vers la Planete pourra détour-
ner ce Torrent, & le déterminer
à circuler autour d'elle, suivant
quelque Ellipse ou quelque Cercle : & la Comete fournissant
toujours de nouvelle matiere,
ou celle qui étoit déja répandue
étant suffisante, il s'en formera
un cours continu, ou une espece d'Anneau autour de la Planete.

Or quoique la colonne qui
forme le torrent, soit d'abord
cilindrique, ou conique, ou de
quelque autre figure, elle sera

bientôt applatie, dès qu'elle cir-
culera avec rapidité autour de
quelque Planete ou de quelque
Soleil, & formera bientôt autour un Anneau mince.

Le corps même de la Come-
te pourra être entraîné par l'Aftre, & forcé de circuler autour
de lui.

Ce que j'ai dit ci-deſſus des
Planetes plattes qui devoient ſe
trouver dans le ſyſtême du Monde, eſt confirmé dans notre ſyſtême ſolaire, par les Obſervations qu'on a faites de l'appla-
tiſſement de Jupiter, & par notre meſure de la Terre.

A l'égard des Etoiles plattes,
les Phénomenes précédens paroiſſent nous avertir qu'il y a en

effet de ces Etoiles dans les Cieux.

Mais quant aux torrents qui circulent autour des Planetes; nous voyons une Planete où il semble que tout se soit passé comme je viens de le dire : & l'on ne devroit pas s'étonner quand on verroit des Planetes ceintes de plusieurs Anneaux pareils à celui de Saturne.

Ces Anneaux doivent se former plutôt autour des grosses Planetes que des petites, puisqu'ils sont l'effet de la pesanteur plus forte vers les grosses Planetes que vers les petites; ils doivent aussi se former plutôt autour des Planetes les plus éloignées du Soleil, qu'autour

de

de celles qui en font plus proches ; puifque dans ces lieux
éloignés, la vîteffe des Cometes
fe rallentit, & permet à la Planete d'exercer fon action plus
long-temps, & avec plus d'effet fur le Torrent.

Tout ceci eft confirmé par
l'expérience ; la feule Planete
que nous voyons ceinte d'un
Anneau, fe trouve une des plus
groffes, & la plus éloignée du
Soleil.

Le nombre des Satellites qu'a
Saturne, & la grandeur de fon
Anneau, peuvent faire croire
qu'il les a acquis aux dépens de
plufieurs Cométes. En effet, il
faut que cet Anneau, tout mince
qu'il nous paroît, foit formé

I

d'une quantité prodigieuse de matiere, pour pouvoir jetter sur le disque de la Planete l'ombre que les Astronomes y observent ; pendant que la matiere des queues des Cometes paroît si peu dense, qu'on voit ordinairement les Etoiles à travers. Il est vrai aussi que la pesanteur que la matiere de ces queues acquiert vers la Planete, lorsqu'elle est forcée de circuler autour, la doit condenser.

Quant aux Planetes qui ont des Satellites, sans avoir d'Anneau ; l'on voit assez que la Queue étant une chose accidentelle aux Cometes, & ne se trouvant qu'à celles qui ont été assez proches du Soleil, une

Comete fans queue pourra devenir Satellite d'une Planete, fans lui donner d'Anneau. Il eft poffible auffi qu'une Planete acquiere un Anneau fans acquerir de Satellite, fi la Planéte trop éloignée du corps de la Comete, ne peut entraîner que fa queue.

La matiére qui forme ces Anneaux, au lieu de refter foutenue en forme de voute autour de la Planete, peut l'inonder de toutes parts, & former autour d'elle une efpéce d'atmofphére applatie; & ce qui peut arriver aux Planetes, peut arriver de la même maniere aux Soleils. On prend pour une atmofphére femblable autour de notre Soleil, cette lumiere que M. Caſſini * a obſervée dans le Zodiaque.

M. Newton a remarqué que la vapeur des Cometes pouvoit ſe répandre ſur les Planetes, lorſqu'elles venoient à s'approcher; il a cru cette eſpéce de communication néceſſaire pour réparer l'humidité que les Planetes perdent ſans ceſſe. Il a cru même que les Cometes pouvoient quelquefois tomber dans le Soleil ou dans les Etoiles; & c'eſt ainſi qu'il explique comment une Etoile, dont la lumiere eſt prête à s'éteindre, ſi quelque Cométe lui vient fournir un nouvel aliment, reprend ſa pre-

* Memoires de l'Académie des Sciences, depuis 1666. juſqu'à 1699. Tome. VIII.

miere splendeur. De célébres Philosophes Anglois, M. Halley, & M. Whiston, ont bien remarqué que si quelque Comete rencontroit notre Terre, elle y causeroit de grands accidents, comme des bouleversements, des déluges, ou des embrasements. Mais au lieu de ces sinistres catastrophes, la rencontre des Cometes pourroit ajouter de nouvelles merveilles, & des choses utiles à notre Terre.

F I N.

CALCUL

Des Figures que doivent prendre les Fluides, qui tournent autour de leur axe.

SI la pefanteur fe fait vers des centres fuivant quelque proportion que ce foit, de quelque puiffance de la diftance à ces centres, nos calculs donneront les vrayes figures que les Corps céleftes peuvent avoir, pour chaque loi de pefanteur.

Les deux Elements d'où dépendent ces figures font la pefanteur & la force centrifuge ; c'eft de la combinaifon de ces deux forces, c'eft de leur plus grand ou plus petit rapport l'une à l'autre, que dépend le plus ou le moins d'applatiffement de ces corps.

Si l'on confidére la pefanteur com-

me une propriété inhérente à la matiere, dont les parties s'attirent les
unes les autres, fuivant la loi que M.
Newton a établie, & que de là naiffe
la pefanteur vers les Corps céleftes ;
quoique la pefanteur ne fe faffe plus
précifement vers les centres de ces
corps, & dépende de leurs quantités
de matiere & de leurs figures : les
corps fluides qui circulent autour d'un
axe, n'en feront pas moins fujets à toutes les figures dont nous avons parlé,
& à tous les applatiffements poffi-
bles.

Si, comme plufieurs Philofophes
le prétendent, & comme il eft affez
probable, il fe trouve au centre de ces
Corps des Noyaux d'une matiere beaucoup plus denfe que le refte, les parties hors du noyau pefant vers fon
centre, comme les corps pefent vers
les centres des fpheres au dehors defquelles ils fe trouvent, & l'attraction
de la matiere moins denfe ne trou-

blant que très-peu cette loi, les figures que nous déterminons, différeront peu des véritables figures; & ceci doit avoir sur-tout lieu pour les fluides rares qui forment autour des corps célestes des Atmosphéres.

Si l'on considére la pesanteur sous la seconde idée (Chapitre V.) c'est-à-dire, qu'on la regarde comme se faisant vers le centre, & suivant la raison renversée du quarré de la distance à ce centre. Ou si l'on considére la pesanteur comme l'effet d'une force répandue dans la matiere, par laquelle toutes ses parties s'attirent en raison renversée du quarré de leur distance, d'où résulte vers chaque Planete, pour les corps qui sont placés au-dehors, une force toute semblable à celle qui seroit dirigée vers un centre, qui feroit tomber les corps dans ce centre, & qui retiendroit les Satellites dans leurs Orbites.

Dans l'un & l'autre de ces cas, on

peut déterminer pour chaque corps céleſte le rapport de la peſanteur ſur ſon Equateur à la force centrifuge, pourvû que l'Aſtre ait une révolution connue autour de ſon axe & ait quelque Satellite qui circule autour de lui, dont la diſtance & le temps périodique ſoient connus.

Voici une Propoſition pour déterminer dans ces circonſtances le rapport de la peſanteur à la force centrifuge.

PROPOSITION I.

Faiſant le demi-diametre de l'Equateur d'un Aſtre $= D$; *le temps de ſa révolution ſur ſon axe* $= T$; *la diſtance de l'Aſtre à quelque Planete qui circule autour de lui* $= \Delta$; *le temps périodique de cette Planete* $= \Theta$; *la peſanteur ſur l'Equateur de l'Aſtre* $= P$; & *la force centrifuge* $= F$; *on a* $F : P :: D^{\imath} \Theta\Theta : \Delta^{\imath} TT$.

La pesanteur étant la force qui re-tient les Planetes dans les Orbites, les fléches des petits Arcs qu'elles dé-crivent dans des temps donnés, font les quantités, dont la pesanteur les fait tomber pendant ce temps vers le centre de leurs Orbites. Et dans ces petits Arcs décrits en même-temps par différentes Planetes autour du So-leil, ou par des Satellites autour de leur Planete principale, les pesanteurs vers le Soleil ou vers les Planetes principales font proportionnelles aux fléches des Arcs décrits. On a donc par-là le rapport de la pesanteur que chaque Planete éprouve dans le lieu où elle est vers le centre autour du-quel elle se meut. On a, par exemple, le rapport de la pesanteur de Venus ou de la Terre vers le centre du So-leil, à la pesanteur de la Lune ou d'un Satellite de Jupiter ou de Saturne vers le centre de sa révolution. Et comme les pesanteurs croissent, com-

me les quarrés des diſtances dimi-
nuent, on a le rapport de la peſanteur
que Venus éprouve là où elle eſt,
vers le centre du Soleil, à la peſanteur qu'elle éprouveroit ſur ſa ſuperficie : on a le rapport de la peſanteur
qu'un Satellite éprouve là où il eſt,
vers le centre de ſa Planete, à la peſanteur qu'il éprouveroit ſur ſa ſuperficie.

Ce que nous diſons de ſa peſanteur, s'applique à la force centrifuge
d'un corps placé ſur l'Equateur de
quelque Aſtre qui a une révolution autour de ſon axe. Les forces centrifuges ſur différents Aſtres , ſont proportionnelles aux fléches des petits
Arcs décrits dans le même temps par
un point de leur Equateur.

Or par les Théoremes de M. Huygens, la force centripete ou centrifuge d'un corps qui décrit un cercle, eſt
en raiſon directe du rayon, & en raiſon inverſe du quarré du temps pério-

dique. La distance d'une Planete au centre du Soleil, ou d'un Satellite au centre de sa Planete, étant Δ, le temps de sa révolution périodique Θ, le demi-diametre de l'Astre autour duquel elle fait sa révolution étant D, la pesanteur qu'elle éprouve vers le centre de la révolution dans le lieu où elle est, sera comme $\frac{\Delta}{\Theta\Theta}$; & cette pesanteur augmentant en s'approchant du centre de la révolution, comme le quarré de la distance diminue, on a la pesanteur que la Planete éprouve dans le lieu où elle est, à la pesanteur qu'elle éprouveroit sur la superficie de l'Astre, qui est au centre de sa révolution, comme $D D$ à $\Delta \Delta$: d'où l'on a pour la pesanteur que la Planete, ou tout autre corps éprouveroit sur la superficie de l'Astre central, P comme $\frac{\Delta^3}{D D \Theta\Theta}$. On a par là les différents poids de corps égaux, placés sur le Soleil ou fur différentes Planetes.

Maintenant la force centrifuge qu'un corps éprouve, placé fur l'Equateur d'un Aftre, étant en raifon directe du rayon de l'Aftre, & en raifon inverfe du quarré du temps périodique de la révolution de l'Aftre autour de fon axe, on a F comme $\frac{D}{TT}$. Donc $F : P :: \frac{D}{TT} : \frac{\Delta'}{DD\,\odot\odot} :: D'\odot\odot : \Delta'TT$.

Scholie. Si l'on prend pour la diftance moyenne de Venus au Soleil $\Delta = 15906$ demi-diametres de la Terre; pour le temps de la révolution de Venus autour de lui $\odot = 224^j\,7^h$; pour le demi-diametre du Soleil $D = 100$ demi-diamétres de la Terre; & pour le temps de la révolution du Soleil autour de fon axe $T = 25\frac{1}{2}^j$; on trouvera $F : P$, ou $D'\odot\odot : \Delta'TT :: 1 : 52016$: c'eft-à-dire la pefanteur fur la furface du Soleil plus de 50000. fois plus grande que la force centrifuge fur son Equateur. Ainsi l'applatissement des Corps célestes dépendant du rapport de la force centrifuge à la pesanteur, il n'est pas étonnant qu'il soit insensible & inobservable dans le Soleil.

Si l'on prend pour la moyenne distance de la Lune à la Terre $\Delta = 60$. demi-diametres de la Terre ; pour le temps de la révolution de la Lune autour d'elle $\Theta = 27^j \ 7^h \ 43'$; pour le demi-diametre de la Terre $D = 1$; & pour le temps de la révolution de la Terre autour de son axe $T = 23^h \ 56' \ 4''$; on trouvera la pesanteur 288 fois plus grande que la force centrifuge sur l'Equateur.

Ce rapport ne différe presque pas de celui que M. Huygens a trouvé de 289 : 1 ; & qu'il a déterminé par des principes différents, s'étant servi du temps de la chûte des corps, ou ce qui revient au même, de la longueur du Pendule à secondes.

Si l'on prend pour la distance du quatriéme Satellite à Jupiter $\Delta = 23$ demi-diametres de Jupiter, telle que M. Cassini l'a trouvée ; pour le temps de la révolution de ce Satellite autour de lui $\odot = 16^i \ 16\frac{8}{15}^h$; pour le demi-diametre de Jupiter $D = 1$; & pour le temps de la révolution de Jupiter autour de son axe $T = 9^h \ 56'$; on trouvera $F : P :: 1 : 7,48$; c'est-à-dire, la pesanteur $7\frac{1}{2}$ fois plus grande que la force centrifuge sur l'Equateur de Jupiter. Aussi Jupiter est-il sensiblement applati.

Quant aux autres Planetes, Mercure, Venus, Mars, & Saturne, & toutes les Planetes secondaires, nous ne pouvons déterminer le rapport de la force centrifuge sur leur Equateur à la pesanteur. Nous ne connoissons point le temps de la révolution de Mercure autour de son axe ; & cette Planete n'ayant point de Satellite , nous ne connoissons point non plus la pefanteur des corps vers elle.

Nous connoiffons les temps de la révolution de Venus & de Mars autour de leur axe, mais ces Planetes manquant de Satellites, nous ne fçaurions comparer la pefanteur des corps vers elles avec leur force centrifuge.

Nous fommes dans la même impuiffance pour Saturne, & par une raifon toute oppofée. Nous connoiffons la pefanteur des corps fur cette Planete, par le mouvement de fes Satellites : mais nous ignorons le temps de fa révolution autour de fon axe : ainfi nous ne fçaurions déterminer le rapport de la force centrifuge fur fon Équateur, à la pefanteur. Si l'on avoit par quelque Obfervation le rapport du diametre de l'Equateur de cette Planete à fon axe, on pourroit déterminer le rapport de la force centrifuge à la pefanteur, & par là découvrir le temps de fa révolution.

Lorfqu'on connoîtra le rapport de
la

la pefanteur à la force centrifuge fur l'Équateur de quelque Aftre, on l'employera dans le calcul de la propofition fuivante pour déterminer la figure qui en réfulte. Lorfqu'on ignorera ce rapport, & que l'on connoîtra la Figure; cette Figure, par le calcul fuivant, pourra le faire connoître.

Enfin, lorfque ni ce rapport ni la Figure ne feront donnés, on pourra les fuppofer tels que l'on voudra, & il en réfultera des Sphéroïdes de toute efpece.

PROPOSITION II.

Trouver la figure d'un Sphéroïde fluide qui tourne sur son axe, en suppofant que chaque partie du fluide pefe vers le centre felon quelque puiffance que ce foit de la diftance à ce centre ?

SOLUTION.

Soit PQ l'axe de révolution; & $PAQB$ la fection du Sphéroïde par l'axe. Puifque les parties du fluide font en repos entr'elles, chaque colomne pefe également vers le centre C ; prenant donc une de ces colomnes CD, qui fait avec CP un angle dont le rayon étant $= 1$, le finus $= h$, je la confidere comme compofée d'une infinité de petits cylindres Gg ; & je cherche le poids de chacun vers C.

La pefanteur abfolue étant donnée en A, $= p$, pour avoir la pefanteur en G, l'on dira $p : p' :: CA^n : CG^n$, d'où l'on tire la pefanteur en G, ou $p' = \dfrac{p \cdot CG^n}{CA^n}$.

Mais le mouvement de révolution im-

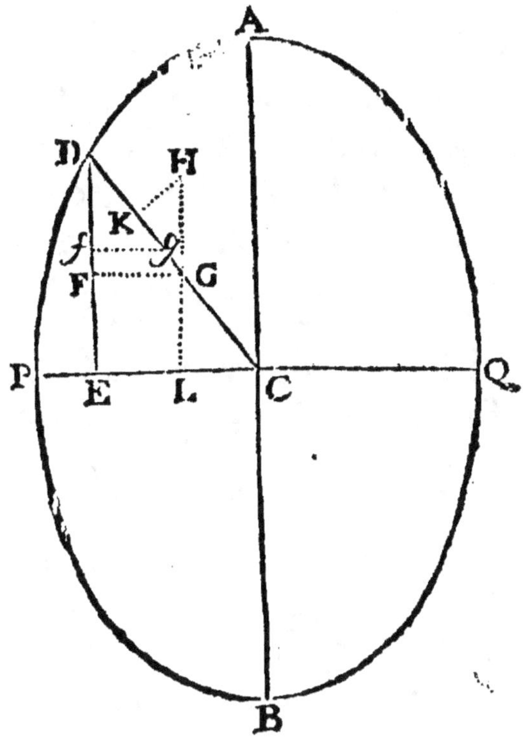

primant à chaque partie du fluide une force centrifuge fuivant GH; & dans les corps qui font leurs révolutions circulaires en mêmes temps, les forces centrifuges étant comme les rayons des cercles qu'ils décrivent; fi la force centrifuge en A eft donnée, & $= f$, pour avoir la force centrifuge en G, l'on dira $f : f' :: CA : LG =$ (à caufe de $LG : CG :: h : 1$) $h. CG$; d'où l'on tire la

force centrifuge en G, ou $f' = \frac{fh.\,CG}{CA}$:
mais cette force agissant suivant GH,
ne diminue la force, suivant GC, que
de ce qu'elle agit dans la direction opposée suivant GD. Pour trouver donc
cette force suivant GD, l'on a GH, GK,
ou $1 : h :: \frac{fh\,CG}{CA} : f'' = \frac{fhh.\,CG}{CA} = $ à la force qui tire le petit cylindre suivant GD.

La force qui tire le petit cylindre Gg
suivant GC, n'est donc plus que $\frac{p.\,CG^n}{CA^n}$
$- \frac{fhh.\,CG}{CA}$; & le poids du petit cylindre
vers C, sera $\left(\frac{p.\,CG^n}{CA^n} - \frac{fhh.\,CG}{CA} \right) Gg$. Le
poids de la colomne CG, composée
de ces petits cylindres, sera donc
$\int \left(\frac{p.\,CG^n}{CA^n} - \frac{fhh.\,CG}{CA} \right) Gg$, ou $\frac{p.\,CG^{n+1}}{(n+1)\,CA^n}$
$- \frac{fhh.\,CG^2}{2\,CA}$; & le poids de la colomne
entiére CD sera $\frac{p.\,CD^{n+1}}{(n+1)CA^n} - \frac{fhh.\,CD^2}{2\,CA}$ qui
doit être un poids constant A.

Si donc on fait $CA = a$, $CD = r$,
l'on aura $\frac{p\,r^{n+1}}{(n+1)\,a^n} - \frac{fhh\,rr}{2\,a} = A$; &
cette équation ayant lieu, quelle que soit

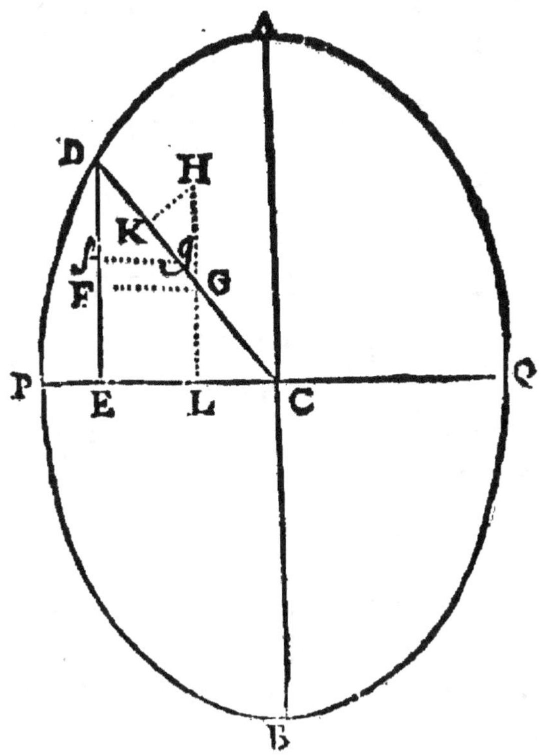

h, il eſt clair qu'en traitant h comme variable, l'équation donnera en général le
rapport entre chaque rayon CD & le ſi-
nus de l'angle qu'il forme avec l'axe
PQ, & donnera par conféquent tous
les points de la courbe.

Il faut maintenant déterminer la quantité conſtante. A. Afin que l'équation
précédente appartienne à la feČtion du
Sphéroïde, dont le demi-axe $CA = a$,

il faut que lorsque l'angle DCP est droit,
ou lorsque $h = 1$, r soit $= a$; l'on a
donc alors $\dfrac{p\,a^{n+1}}{(n+1)a^n} - \dfrac{f\,aa}{2a} = A$, ou

$$A = \left(\frac{2p - nf - f}{2(n+1)}\right) a.$$

Ainsi l'équation corrigée sera $\dfrac{p\,r^{n+1}}{(n+1)a^n}$
$- \dfrac{f\,hh\,rr}{2a} = \left(\dfrac{2p - nf - f}{2(n+1)}\right) a$, ou $2\,p\,r^{n+1}$
$- (n+1)\,f\,h\,h\,a^{n-1}\,rr = (2\,p - nf$
$- f)\,a^{n+1}$.

Cette équation détermine les sections
de tous les Sphéroïdes, quelle que soit
la puissance de la distance selon laquelle
se fait la pesanteur, excepté la seule hypothese d'une pesanteur qui seroit réciproquement proportionnelle à la distance au centre. Dans ce cas il faudroit re-
courir à $\displaystyle\int \left(\frac{p.CG^n}{CA^n} - \frac{fhh.CG}{CA}\right) Gg$, qui
devient alors $\displaystyle\int \left(\frac{p.CA}{CG} - \frac{fhh.CG}{CA}\right) Gg$,
qui n'est plus intégrable que par lo-
garithmes. L'intégrant donc, l'on a
$p.CA.\,lCG - \dfrac{fhh.CG^2}{2CA}$; ou pour le

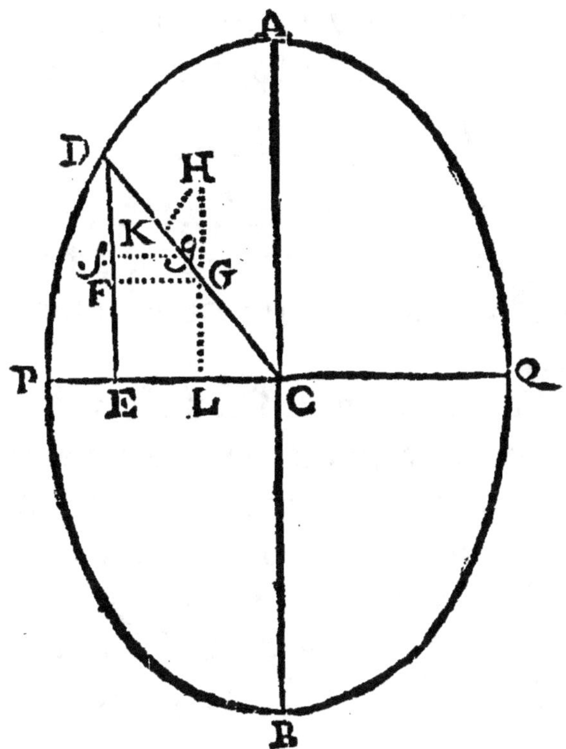

poids de la colomne entiére $\bar{;}$ $p\,a\,l\,r$ $-\dfrac{fhhrr}{2a}=A.$

Pour corriger cette équation, il faut que lorsque $h=1, r=a$; l'on a donc alors $p\,a\,l\,a-\dfrac{fa}{2}=A$; & l'équation corrigée est $p\,a\,l\,r-\dfrac{fhhrr}{2a}=p\,a\,l\,a-\dfrac{fa}{2}$; ou $2p\,a\,l\left(\dfrac{r}{a}\right)=\dfrac{fhhrr}{a}-fa$; ou, en paſſant aux nombres , & prenant c pour le nombre dont le logarith. $= 1$, l'on a

$$r = a\, c^{\left(\frac{fhhrr}{2paa} - \frac{f}{2p}\right)}.$$

On voit que les méridiens des Sphéroïdes ſont toûjours des courbes algébriques , excepté dans cette ſeule hypotheſe.

Si l'on veut avoir l'équation de toutes ces courbes à la maniere ordinaire , par rapport à des coordonnées rectangles , on la peut avoir facilement. Car faiſant $CE = x$ & $DE = y$, l'on aura $rr = xx + yy$, & $hr = y$. Chaſſant donc h & r de l'équation générale , on a $2p (xx + yy)^{\frac{n+1}{2}} - (n+1) f\, a^{n-1} yy = (2p - nf - f)\, a^{n+1}$. Et pour le cas $n = -1$, $xx + yy =$

$$= a\, a\, c^{\left(\frac{fyy}{paa} - \frac{f}{p}\right)}.$$

Mais notre premiere maniere de déterminer les courbes , par les rayons & les angles , eſt ici autant , ou plus commode que celle qui les détermine par les coordonnées.

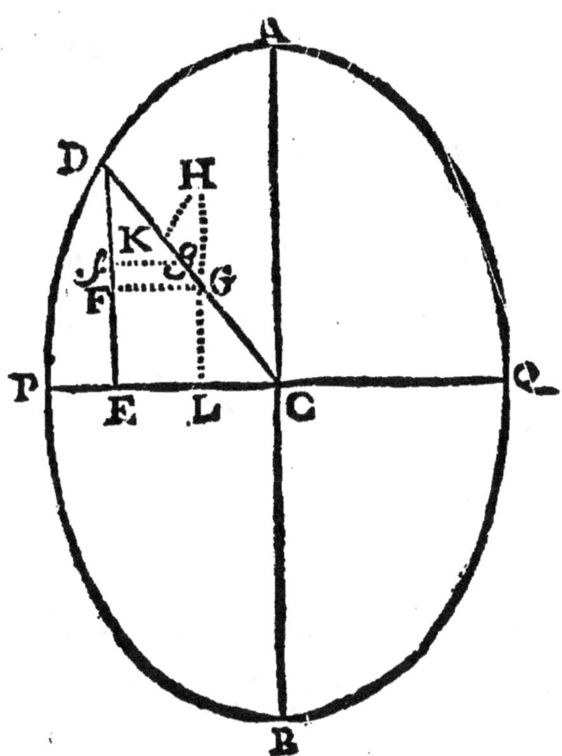

Quoiqu'on traite h comme variable ;
elle ne varie cependant qu'entre certai-
nes limites , & ces limites font o & 1 ;
l'équation radiale ne détermine donc que
l'arc de la courbe , donc l'amplitude eſt
un angle droit : mais ces courbes étant
compoſées de quatre arcs ſemblables &
égaux , elles ſont entiérement déterminées par notre équation.

On peut maintenant déterminer facilement le rapport des deux axes de la Section, dans quelque hypothese que ce soit.

L'équation générale étant $2 p r^{n+1} - (n+1) f h h a^{n-1} r r = (2p - nf - f) a^{n+1}$; pour trouver r lorsque $h = 0$, l'on a $2 p r^{n+1} = (2p - nf - f) a^{n+1}$.

D'où l'on tire $C A : C P :: (2p)^{\frac{1}{n+1}} : (2p - nf - f)^{\frac{1}{n+1}}$.

Et dans l'hypothese d'une pesanteur en raison inverse de la simple distance, l'on a $l\left(\frac{r}{a}\right) = -\frac{f}{2p}$. D'où l'on tire $l C A - l C P = \frac{f}{2p}$.

On voit aisément que soit que n soit un nombre positif, soit qu'il soit un nombre négatif, le diamétre de l'Equateur fera toûjours plus grand que l'Axe. Et qu'ainsi dans quelque hypothese que ce soit de pesanteur en raison directe ou renversée de quelque puissance de la distance, le Sphéroïde fera toujours applati vers les Poles.

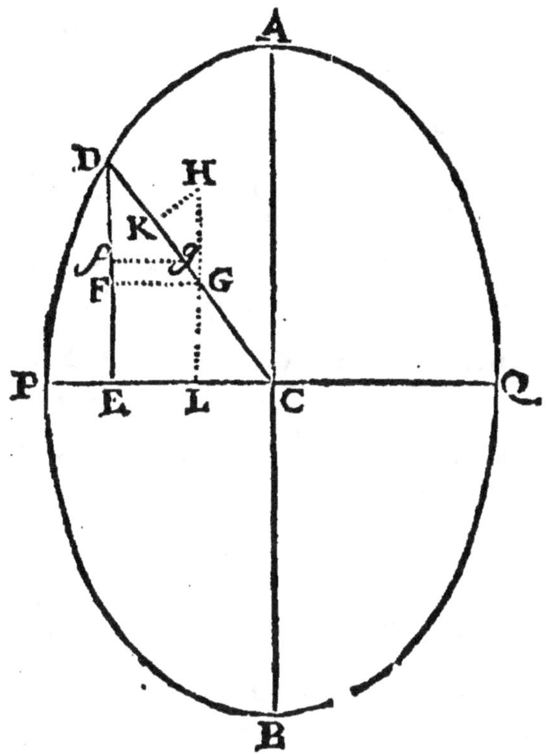

Scholie. La figure des Sphéroïdes dépend, comme l'on voit, du rapport de la
force centrifuge à la pesanteur. Voyons
maintenant à quel point ce rapport peut
varier dans quelques hypothefes de pefanteur, & quelles figures en réfulteroient
dans les Spheroïdes.

Si l'on fuppofe la pefanteur uniforme; *n*

étant $= 0$, l'on a $CA : CP :: 2p : 2p - f$. Sur notre Terre, la force de la pesanteur est 289 fois plus grande que la force centrifuge sous l'Equateur ; si donc on cherche le rapport du diametre de l'Equateur terrestre à l'axe de révolution, dans cette hypothese d'une pesanteur uniforme, mettant 289 pour p & 1 pour f, l'on aura $CA : CP :: 578. : 577.$

La force centrifuge pourroit être égale à la pesanteur ; ce qui arriveroit si la Terre tournoit sur son axe environ 17 fois plus vîte qu'elle ne fait ; & alors on auroit $CA : CP :: 2p : p :: 2 : 1$. La force centrifuge ne sçauroit être plus grande sans que les parties de la Terre se dissipassent ; & si le mouvement de révolution s'accéléroit toujours, la Terre enfin seroit réduite à un seul Atome placé au centre. D'où l'on voit que dans cette hypothese d'une pesanteur uniforme, la figure la plus applatie que le Sphéroïde puisse recevoir, ne sçauroit aller qu'à rendre le diametre de son Equateur double de son axe de révolution. Dans ce cas, la Terre seroit composée de deux

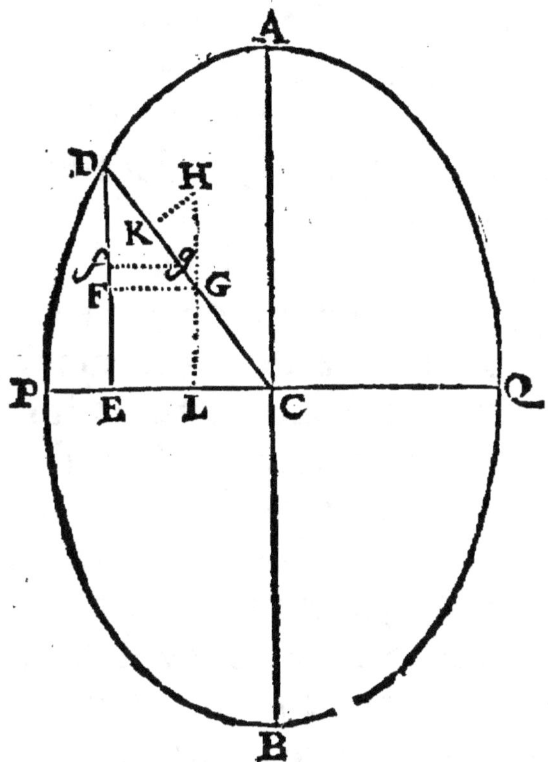

Paraboloïdes, comme M. Huygens a
trouvé pour cette hypothese particulie-
re, qui eſt la ſeule qu'il ait examinée *.

M. Herman, dans la recherche qu'il
a faite de la Figure de la Terre, a ſuivi
l'hypotheſe d'une peſanteur proportionnelle à la diſtance au centre **. Voyons
ce qui en réſulteroit, & quelle formé

* *Diſcours ſur la cauſe de la peſanteur.*
** *Phoronomia.*

elle donneroit aux Sphéroïdes.

On a alors (n étant $= 1$) $CA : CP$ :: $\sqrt{2p} : \sqrt{(2p - 2f)}$ :: $\sqrt{p} : \sqrt{(p - f)}$; & si la force centrifuge devenoit égale à la pesanteur, le diametre de l'Equateur deviendroit infiniment plus grand que l'axe de révolution ; c'est-à-dire, que le Sphéroïde ne seroit alors qu'un plan circulaire. Dans cette hypothese la force centrifuge pouvant être dans tous les rapports avec la force de la pesanteur, depuis o jusqu'à l'égalité, le diametre de l'Equateur peut être dans tous ces rapports à l'axe de révolution. Et le Sphéroïde, qui dans cette hypothese est un Ellipsoïde, peut être tous les Ellipsoïdes depuis la Sphere jusqu'à l'Ellipsoïde le plus applati, qui ne seroit plus qu'un plan circulaire.

Si l'on suppose la pesanteur en raison inverse du quarré de la distance au centre, comme M. Newton a trouvé que les Planetes l'éxercent sur les corps qui sont hors de leur solidité, l'on a $n = -2$; & $CA : CP$ :: $(2p)^{-1} : (2p + f)^{-1}$; ou $CA : CP$ :: $2p + f : 2p$. D'où l'on

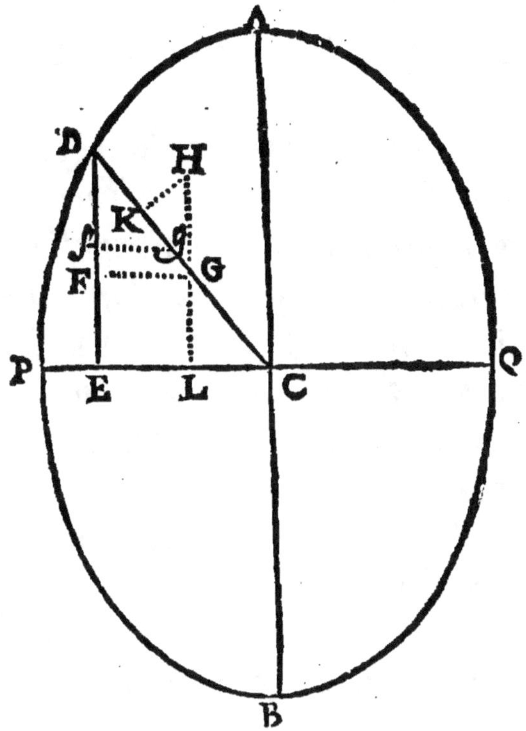

voit que le Sphéroïde qui s'applatit toûjours d'autant plus que la force centrifuge devient plus grande, fera cependant
le plus applati qu'il puiffe être, lorfque
le diametre de fon Equateur fera à fon
axe de révolution, comme 3 à 2.

PROPOSITION III.

UN Torrent de matiére fluide circulant autour d'un axe hors du Torrent, par une force centripete proportionnelle à une puiſſance quelconque de la diſtance au centre ; & dans chaque ſeÉtion perpendiculaire à la révolution, y ayant une autre force vers un centre pris dans cette ſeÉtion qui ſoit proportionnelle à une puiſſance quelconque de la diſtance à ce centre ; déterminer la figure du Torrent ?

SOLUTION.

Soit *ADP a d Q A* la ſeÉtion du Torrent qui tourne autour de l'axe Λ λ, faite par un plan perpendiculaire à la révolution qui paſſe par le centre γ. Soit γ le centre des forces centripetes pris au dehors du Torrent, & *C* l'autre centre pris dans la ſeÉtion.

Afin que les parties du fluide demeurent en équilibre, il faut que le poids de chaque colomne *CD*, tant celui qui réſulte

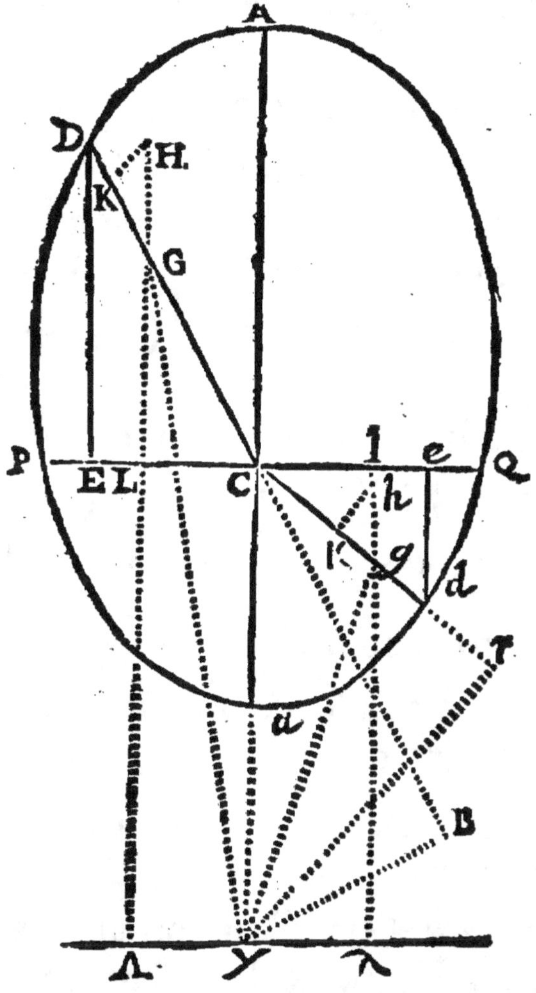

fulte de la pefanteur vers γ & vers C,
que de la force centrifuge, foit par-tout
le même.

Soit donc la pefanteur abfolue en A
vers γ donnée, & $= \pi$; la pefanteur en

L

A vers C donnée auffi, & $= p$; & la force centrifuge en A donnée, & $= f$. Soit $AC = a$, $C\gamma = b$, $CG = r$; le finus de l'angle $DCP = h$, le rayon étant $= 1$; l'on aura $GL = hr$; & ayant tiré de γ la droite γR perpendiculaire fur le rayon CD prolongé, l'on aura $CR = hb$, & $\gamma G = \sqrt{(bb + 2bhr + rr)}$.

Maintenant la pefanteur en A vers γ étant $= \pi$; faifant $\pi : \pi' :: (a+b)^m : (bb + 2bhr + rr)^{\frac{1}{2}m}$, l'on aura la pefanteur en G, ou $\pi' = \dfrac{\pi (bb + 2bhr + rr)^{\frac{1}{2}m}}{(a+b)^m}$; & pour avoir la force qui en réfulte vers C, l'on dira $\pi' : \pi'' :: G\gamma : GR$, ou

$$\frac{\pi (bb + 2bhr + rr)^{\frac{1}{2}m}}{(a+b)^m} : \pi'' :: (bb + 2bhr + rr)^{\frac{1}{2}} : bh + r;$$

d'où l'on aura la force vers C réfultante de la pefanteur vers γ,

$$\text{ou } \pi'' = \frac{\pi (bh + r)(bb + 2bhr + rr)^{\frac{m-1}{2}}}{(a+b)^m}.$$

L'on a de plus (la pefanteur en A vers C étant $= p$) la pefanteur en G vers C

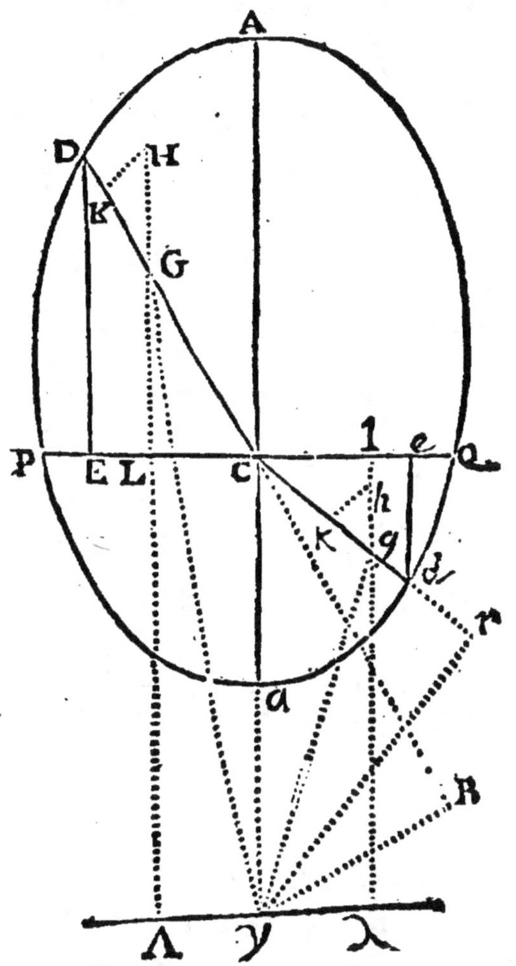

$= \dfrac{p\,r^n}{a^n}$; la pesanteur entiere vers C, résultante des deux pesanteurs vers γ & vers C,

sera donc $= \dfrac{\pi\,(bh+r)\,(bb+2bhr+rr)^{\frac{m-1}{2}}}{(a+b)^m}$

$+ \dfrac{p\,r^n}{a^n}$.

La force centrifuge en A étant $= f$; si l'on fait $f : f' :: a + b : b + hr$, l'on aura la force centrifuge en G ou $f' =$

$$= \frac{f(b + hr)}{a + b} ;$$

& pour trouver la partie de cette force qui tire vers D, l'on dira $f' : f'' :: GH : GK$, ou $\frac{f(b+hr)}{a+b} : f'' :: 1 : h$; d'où l'on tire pour la force opposée à la pesanteur vers C, $f'' = \frac{fh(b+hr)}{a+b}$.

L'on a donc pour la force vers C, résultante de toutes ces forces,

$$\frac{\pi(bh+r)(bb+2bhr+rr)^{\frac{m-1}{2}}}{(a+b)^{m}} + \frac{pr^{n}}{a^{n}} - \frac{fh(b+hr)}{a+b}.$$

Concevant donc, comme dans la premiere Proposition, la colomne CD composée d'une infinité de petits cylindres dr, l'on aura $\int \left[\frac{\pi(bh+r)(bb+2bhr+rr)^{\frac{m-1}{2}}}{(a+b)^{m}} + \frac{pr^{n}}{a^{n}} - \frac{fh(b+hr)}{a+b} \right] dr$, qui doit faire un poids constant. L'on aura donc

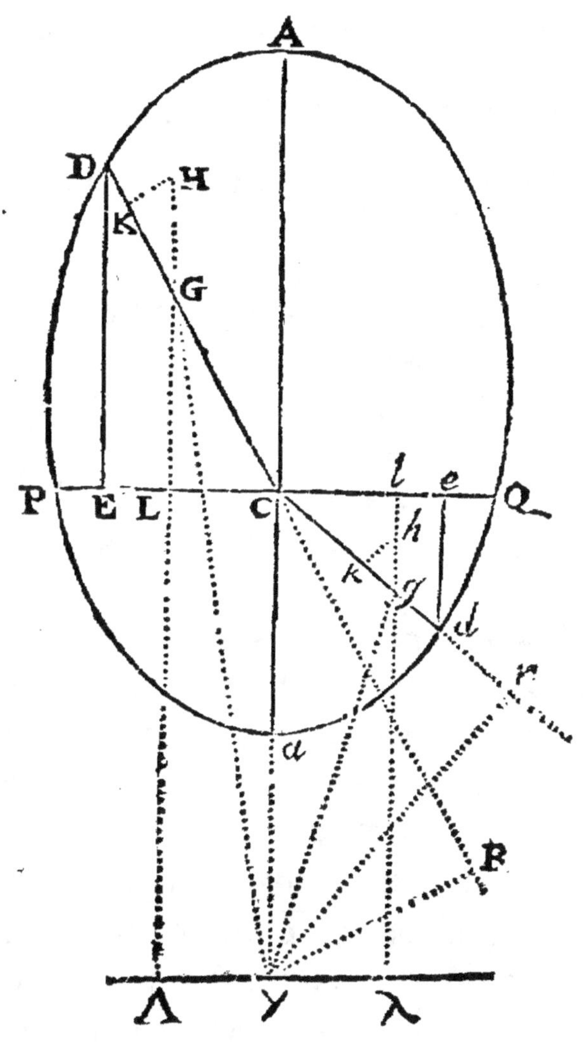

$$\frac{x(bb + 2bhr + rr)^{\frac{m+1}{2}}}{m+1(a+b)^m} + \frac{pr^{n+1}}{n+1.a^n} - \frac{fbhr}{a+b}$$

$$- \frac{fhhrr}{2(a+b)} = A.$$

Pour corriger cette équation, il faut

que, lorsque $h = 1$, l'on ait $r = a$; l'on
a donc alors $\dfrac{\pi(a+b)}{m+1} + \dfrac{pa}{n+1} - \dfrac{fab}{a+b}$
$- \dfrac{faa}{2(a+b)} = A$. Et l'équation corrigée

fera $\dfrac{\pi(bb+2bhr+rr)^{\frac{m+1}{2}}}{m+1\,(a+b)^m} + \dfrac{pr^{n+1}}{(n+1)\,a^n}$
$- \dfrac{fbhr}{a+b} - \dfrac{fhhrr}{2(a+b)} = \dfrac{\pi(a+b)}{m+1} + \dfrac{pa}{n+1}$
$- \dfrac{fab}{a+b} - \dfrac{faa}{2(a+b}$. Ou (écrivant c pour
$a+b$, & q pour $(m+1)\times(n+1)$)

$2(n+1)\pi a^n \times (bb+2bhr+rr)^{\frac{m+1}{2}}$
$+ 2(m+1)pc^m r^{n+1} - 2qf a^n b c^{m-1}$
$hr - qf a^n c^{m-1} hhrr = 2(n+1\,\pi a^n$
$c^{m+1} + 2(m+1)pa^{n+1} c^m - 2qf a^{n+1}$
$b c^{m-1} - qf a^{n+2} c^{m-1}$.

On voit que dans toutes les hypothefes la fection du Torrent eft une courbe algébrique, excepté dans les hypothefes d'une force vers γ ou vers C en raifon fimple inverfe de la diftance.

Car fi feulement $m = -1$, l'équation de la fection du Torrent fera
$\dfrac{\pi(a+b)}{2} l(bb+2bhr+rr) + \dfrac{pr^{n+1}}{(n+1)a^n}$

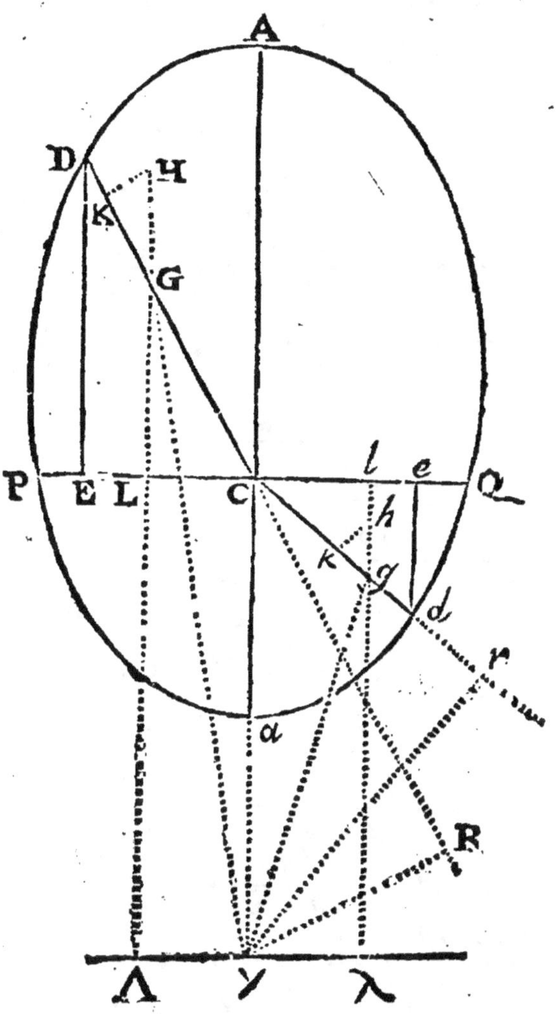

$$-\frac{fbhr}{a+b}-\frac{fhhrr}{2(a+b)}=\frac{\pi(a+b)}{2}\,l(a+b)^2$$

$$+\frac{pa}{n+1}-\frac{fab}{a+b}-\frac{faa}{2(a+b)}.\quad \text{Ou}\ \frac{\pi c}{2}$$

$$l\left(\frac{bb+2bhr+rr}{cc}\right)=-\frac{pr^{n+1}}{(n+1)a^{n}}+\frac{fbhr}{c}$$

$$+ \frac{fhhrr}{2c} + \frac{pa}{n+1} - \frac{fab}{c} - \frac{faa}{2c}.$$

Et si seulement $n = -1$, l'équation

sera
$$\frac{\pi (bb + 2bhr + rr)^{\frac{m+1}{2}}}{m+1\,(a+b)^m} + palr$$

$$- \frac{fbhr}{a+b} - \frac{fhhrr}{2(a+b)} = \frac{\pi(a+b)}{m+1} + pala$$

$$- \frac{fab}{a+b} - \frac{faa}{2(a+b)}. \quad \text{Ou } pal\left(\frac{r}{a}\right) = -$$

$$\frac{\pi (bb + 2bhr + rr)^{\frac{m+1}{2}}}{(m+1)c^m} + \frac{fbhr}{c} + \frac{fhhrr}{2c}$$

$$+ \frac{\pi c}{m+1} - \frac{fab}{c} - \frac{faa}{2c}.$$

Mais si en même temps $m = -1$ & $n = -1$, l'équation sera

$$\frac{\pi(a+b)}{2} l(bb + 2bhr + rr) + palr$$

$$- \frac{fbhr}{a+b} - \frac{fhhrr}{2(a+b)} = \frac{\pi(a+b)}{2} l(a+b)^2$$

$$+ pala - \frac{fab}{a+b} - \frac{faa}{2(a+b)}. \quad \text{Ou } \frac{\pi c}{2}$$

$$l\left(\frac{bb + 2bhr + rr}{cc}\right) + pal\left(\frac{r}{a}\right) = \frac{fbhr}{c}$$

$$+ \frac{fhhrr}{2c} - \frac{fab}{c} - \frac{faa}{2c}.$$

Si l'on veut avoir l'équation de la section du Torrent par rapport aux coordonnées rectangles ; faisant $CE = x$ &

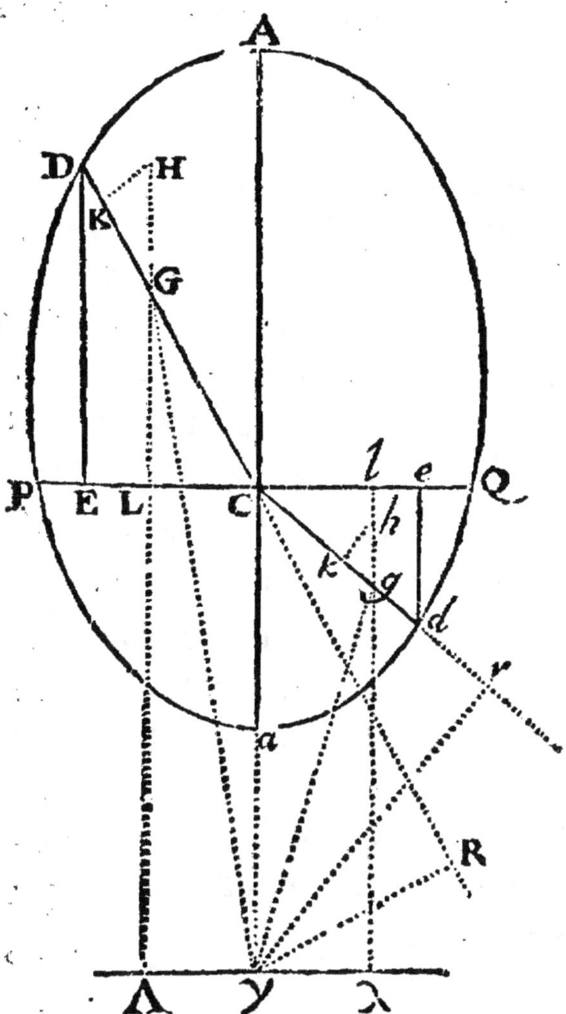

$DE = y$, l'on aura les deux équations $rr = xx + yy$, & $hr = y$; par le moyen desquelles on chassera r & h des équations précédentes, & l'on aura pour le cas général

$$2(n+1)\pi a^n (bb+2by+yy$$

$$+xx)^{\frac{m+1}{2}}+2(m+1)pc^m(xx+yy)^{\frac{n+1}{2}}$$
$$-2qfa^n bc^{m-1}y-qfa^n c^{m-1}yy$$
$$=2(n+1)\pi a^n c^{m+1}+2(m+1)pa^{n+1}$$
$$c^m-2qfa^{n+1}bc^{m-1}-qfa^{n+2}c^{m-1}.$$

On trouvera de la même maniere les équations aux coordonnées rectangles, dans les cas $m=-1$ & $n=-1$.

On trouvera la courbe PaQ comme nous avons trouvé PAQ, en obſervant les changements convenables.

Car alors ſi la peſanteur en a vers γ eſt donnée & $=\pi$, la peſanteur en a vers $C=p$, la force centrifuge en $a=f$, $Ca=a$, $C\gamma=b$, $Cg=r$, $gl=hr$, $Cr=bh$ & $\gamma g=\sqrt{(bb-2bhr+rr)}$; l'on trouvera la peſanteur en g vers C réſultante de la peſanteur vers γ,

$$\pi^n=\frac{\pi(bh-r)(bb-2bhr+rr)^{\frac{m-1}{2}}}{(b-a)^m}.$$

On a de plus la peſanteur en g vers C,

$$p'=\frac{pr^n}{a^n}.$$

L'on trouvera auſſi la partie de la

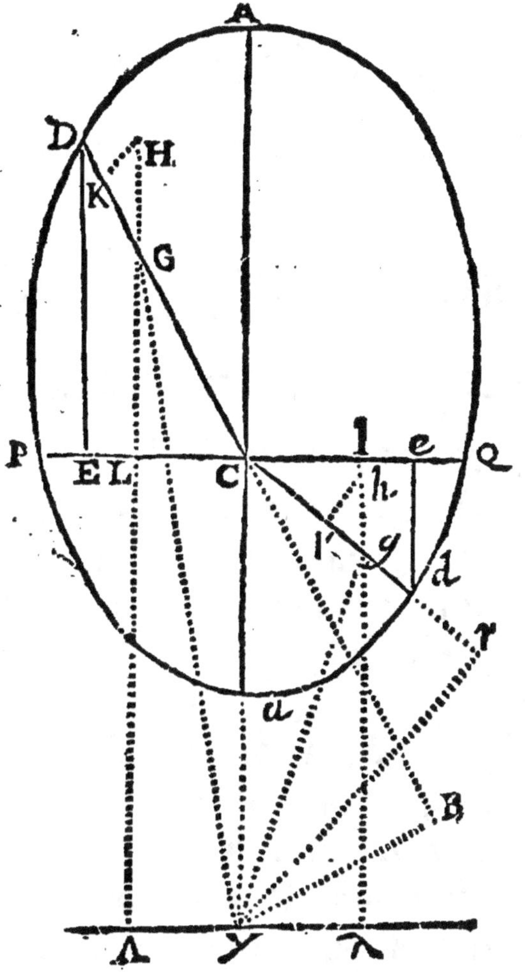

force centrifuge qui résulte en g vers C, $F'' = \dfrac{fh(b - hr)}{b - a}$.

Mais ces deux dernieres forces font maintenant opposées à la premiere ; on

aura donc $\int\left[\dfrac{\pi(-bh+r)(bb-2bhr+rr)^{\frac{m+1}{2}}}{(b-a)^m}\right.$
$\left.+\dfrac{p\,r^n}{a^n}+\dfrac{f^h(b-hr)}{b-a}\right]dr=A.$ D'où

l'on tire $\dfrac{\pi(bb-2bhr+rr)^{\frac{m-1}{2}}}{m+1\;(b-a)^m}+\dfrac{p\,r^{n+1}}{(n-1)\,a^n}$
$+\dfrac{fbhr}{b-a}-\dfrac{fhhrr}{2(b-a)}=\dfrac{\pi(b-a)}{m+1}+\dfrac{pa}{n+1}$
$+\dfrac{fab}{b-a}-\dfrac{faa}{2(b-a)}.$

Et dans les cas $m=-1$, $n=-1$, l'on trouvera , comme ci-deſſus , les équations des ſections, qui ne différeront que par le changement de quelques ſignes.

Par ces équations radiales , on trouvera des équations aux coordonnées, comme on a fait pour la courbe PAQ.

Et le poids de la colomne , tant dans la courbe ſupérieure que dans l'inférieure , devant toujours être le même , on aura une équation entre le poids A dans la courbe ſupérieure , & le poids A dans l'inférieure , par laquelle on trouvera le rapport entre Ca & CA ; & l'on déterminera ainſi la ſection entiere du Torrent.

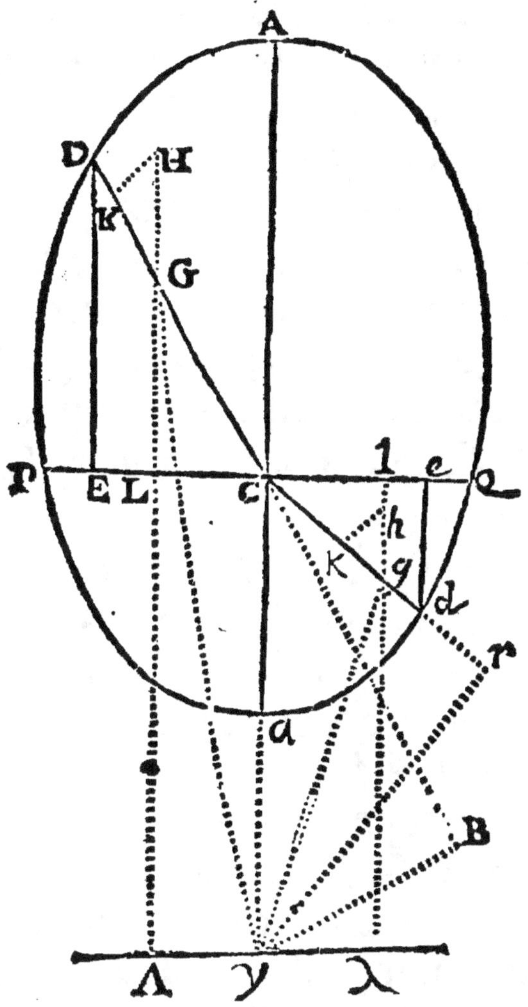

Scholie. Quelle que soit l'hypothese de
pesanteur, on pourra toûjours, pour
un certain angle *DCP*, faire ensorte
que le rayon *CD* soit d'une longueur
donnée. Et par-là on pourra rendre la fi-

gure du Torrent plus ou moins applatie d'une infinité de maniéres, en mettant dans l'équation, pour h & r, des valeurs déterminées. L'on pourra ainſi faire enſorte que les points P & Q s'uniſſent en C, en mettant o pour h & r; & alors la ſection du Torrent ſera compoſée de deux figures ovales jointes en C. Car on trouvera une infinité de rapports entre π, p & f, qui donneront cette figure.

Si par exemple, on veut que les points P & Q tombent en C; l'on aura $2(n+1)$ $\pi b^{m+1} = 2(n+1)\pi c^{m+1} + 2(m+1)$ $p a c^m - 2 q f a b c^{m-1} - q f a a c^{m-1}$. D'où l'on tirera une infinité de rapports entre π, p & f.

Si l'on ſuppoſe la peſanteur tant vers γ que vers C, proportionnelle à la ſimple diſtance au centre; la ſection du Torrent ſera une ſection conique. Et ſi l'on exige de plus que les points P, Q & C s'uniſſent, la figure ſera compoſée de deux Ellipſes joints en C.

Maintenant ſi la diſtance $C\gamma$ s'évanoüit, ou ſi les deux centres s'uniſſent, l'on aura $b = o$ & $c = a$; & le Torrent

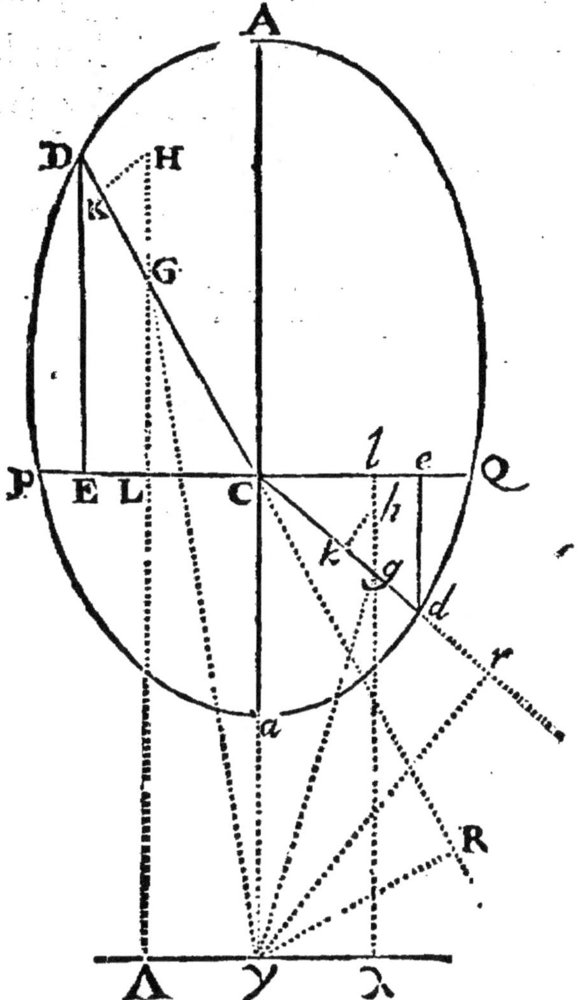

deviendra un Sphéroïde.

Ou si l'on suppose $m = n$ & $\pi = 0$; l'équation générale de la section du Torrent deviendra $2\,pr^{n+1} - (n+1)$ $f\,a^{n-1}hhrr = (2p - nf - f)\,a^{n+1}$. Ou

dans le cas $n = -1$; $2\,p\,al\left(\frac{r}{a}\right) = \frac{fhhrr}{a}$
$-fa$, comme on a trouvé dans la précédente Propofition qui n'eft qu'un cas particulier de celle-ci.

$$F\,I\,N.$$

www.ingramcontent.com/pod-product-compliance
Lightning Source LLC
LaVergne TN
LVHW050048060726
842524LV00003B/719